가을에 핀

풀꽃
도감

자연 그대로의 꽃

가을에 핀 **풀꽃도감**

초판인쇄 | 2016년 9월 2일
초판발행 | 2016년 9월 9일

지은이 | 정연옥 · 박선주 · 박노복
펴낸이 | 고명진
펴낸곳 | 가람누리

출판등록 | 2011년 7월 29일 제312-2011-000040호
주   소 | 경기도 고양시 덕양구 통일로 140(동산동)
            삼송테크노밸리 B동 329호
전   화 | (02)396-9651
팩   스 | (02)396-9653
이메일 | garamnuri@daum.net
홈페이지 | **www.munyei.com**

ISBN   978-89-97272-23-5 (13480)

ⓒ 정연옥 · 박선주 · 박노복, 2016

※ 이 책의 내용을 저작권자의 허락 없이 복제, 복사, 인용, 무단전재하는 행위는 법으로 금지되어 있습니다.
※ 잘못된 책은 바꾸어 드립니다.
※ 저자와의 협의에 의하여 인지는 생략합니다.
※ 이 도서의 국립중앙도서관 출판예정도서목록(CIP)은 서지정보유통지원시스템홈페이지(http://seoji.nl.go.kr)와 국가자료공동목록시스템(http://www.nl.go.kr/kolisnet)에서 이용하실 수 있습니다.(CIP제어번호: CIP2016019540)

자연 그대로의 꽃

가을에 핀
풀꽃 도감

정연옥 · 박선주 · 박노복 공저

가람누리

머리말

 야생화의 소박하고 아름다운 모습에 매료되어 산과 들을 찾는 사람들이 최근 많아졌습니다.

 휴일에 인근 산을 찾는 일이 흔해지면서 등산로 주변에 피어 있는 꽃에 관심을 갖기 시작했고, 더불어 디지털카메라의 보급과 포털사이트의 온라인 야생화 카페와 블로그의 활성화로 관심이 고조되었습니다. 최근에는 야생화에 관한 서적과 사진 위주의 도감 등이 다양해지면서 누구나 쉽게 야생화에 관해 알 수 있고 이를 공부할 수 있게 되었습니다.

 이 책에는 주변이나 등산로에서 흔히 볼 수 있는 가을에 피는 꽃을 중심으로 수록하였으며, 계절별 야생화 구분은 2~5월(봄), 6~8월(여름), 9~11월(가을)에 40~50% 이상 만개한 시기를 기준으로 하였습니다. 이들 식물의 특성은 여러 도감을 참조했고, 설명이 부족한 경우 뒤에 첨언을 통해 더 알기 쉽게 했습니다.

 우리나라는 사계절이 뚜렷하여 많은 자원식물이 있습니다. 특히 봄에는 나물 위주로 먹는 품종들이 많이 자라고, 가을이면 뿌리를 활용하는 품종들이 많이 자랍니다.

　현재 국내에 자생하고 있는 품종은 약 4,700~5,000종 정도인 것으로 보고되었으며, 봄에 약 30%, 여름에 약 55%, 가을에 약 15%의 꽃이 개화합니다.

　식물의 해설은 대부분 생육환경, 전초, 잎, 꽃, 열매, 종자, 무리 순으로 서술하였습니다. 일부 품종은 모두 싣지 못하였는데, 이는 유사 종들이 많이 있고 단지 색깔이 다르기 때문입니다. 꽃은 완전 개화 후 꽃을 구분할 수 있을 때를 중심으로 담았습니다. 종자 결실은 어느 정도 익어 가는 시기를 택하여 실었습니다.

　몇몇 품종은 모두를 담을 수 없지만 유사 형태를 비교하는 데 필요한 부분이어서 수록하였고, 모든 것이 동일하지만 꽃 색깔이 달라 이름을 달리하는 품종 또한 전초와 꽃을 실었습니다.

　그리고 이 책이 나올 수 있도록 많은 도움을 주신 편집부 직원분들께 깊은 감사의 인사를 올립니다.

2016년 9월 행복한 자연의 품에서 저자 대표
정연옥 씀

머리말 · 4

ㄱ
12

- 가는잎향유 · 12
- 가시연꽃 · 14 
- 각시취 · 16 
- 각시투구꽃 · 18 
- 감국 · 20 
- 개박하 · 22 
- 개발나물 · 24 
- 개쑥부쟁이 · 26 
- 개쓴풀 · 28 
- 갯쑥부쟁이 · 30 
- 고들빼기 · 32 
- 고사리삼 · 34 
- 과남풀 · 36 
- 구름국화 · 38 
- 구릿대 · 40 
- 구와말 · 42 
- 구절초 · 44 
- 그늘돌쩌귀 · 46 
- 까실쑥부쟁이 · 48 
- 꽃층층이꽃 · 50 
- 꽃향유 · 52 
- 꿩의비름 · 54

나도송이풀 • 56

노랑투구꽃 • 58

논뚝외풀 • 60

놋젓가락나물 • 62

누린내풀 • 64

눈괴불주머니 • 66

당잔대 • 68

덩굴닭의장풀 • 70

독활 • 72

두메투구꽃 • 74

둥근잎꿩의비름 • 76

땅귀이개 • 78

뚜껑덩굴 • 80

며느리밑씻개 • 82

며느리배꼽 • 84

무릇 • 86

문주란 • 88

물매화 • 90

물질경이 • 92

미역취 • 94

민구와말 • 96

| ㅂ 98 | 바디나물 • 98 | 바위솔 • 100 | 백부자 • 102 | 버드쟁이나물 • 104 |

 벌개미취 • 106
 병아리풀 • 108
 부추 • 110
 분홍바늘꽃 • 112
 비로용담 • 114

ㅅ 116
 사마귀풀 • 116
 산국 • 118
 산박하 • 120
 산비장이 • 122

 소경불알 • 124
 솔체꽃 • 126
 쇠비름 • 128
 쇠서나물 • 130
 수리취 • 132

 시호 • 134
 쓴풀 • 136
ㅇ 138
 애기앉은부채 • 138
 억새 • 140

연보라과남풀 • 142

염주황기 • 144

오이풀 • 146

옹굿나물 • 148

용담 • 150

이고들빼기 • 152

이삭귀개 • 154

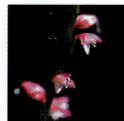
이삭여뀌 • 156

ㅈ
158

자주땅귀개 • 158

자주쓴풀 • 160

잔대 • 162

절굿대 • 164

제주소황금 • 166

조밥나물 • 168

좀딱취 • 170

쥐꼬리망초 • 172

쥐손이풀 • 174

ㅊ
176

참취 • 176

천궁 • 178

층층잔대 • 180

ㅋ 182

키큰산국 • 182

큰엉겅퀴 • 184

큰제비고깔 • 186

ㅌ 188

털머위 • 188

털진득찰 • 190

투구꽃 • 192

ㅎ 194

한라구절초 • 194

한라돌쩌귀 • 196

한련초 • 198

해국 • 200

활나물 • 202

황금 • 204

황기 • 206

흰진교 • 208

야생화 이름의 유래 • 210

그림으로 보는 꽃과 잎 • 218

참고문헌 • 220

가을에 핀
풀꽃
도감

가는잎향유

이 명 가는향유, 애기향유
학 명 *Elsholtzia angustifolia* (Loes.) Kitag.
과 명 꿀풀과
개화기 9~10월

가는잎향유_잎

가는잎향유_꽃봉오리

가는잎향유_꽃 피기 전

가는잎향유_꽃 피는 모습

생육특성

충청북도 속리산, 경상북도 조령산 일대에서 자라는 1년생 초본이다. 생육환경은 반그늘 혹은 양지의 돌 틈과 풀숲에서 자란다. 키는 약 50㎝ 정도이고, 잎은 길이 2~7㎝, 폭이 0.2~5㎝로 가는 선 모양이며 표면에는 털이 약간 나 있고 마주난다. 꽃은 연한 홍색이고 길이는 2.5~5㎝, 지름은 약 1㎝로 한쪽으로 치우쳐서 빽빽하게 달리고 이삭과 같은 모양으로 원줄기 끝과 가지 끝에서 핀다. 열매는 11월경에 달리고 작다.

가시연꽃

이 명 개연, 가시연, 가시련, 칠남성
학 명 *Euryale ferox* Salisb.
과 명 수련과
개화기 8월

가시연꽃_잎 펼치기 전

가시연꽃_꽃대 올라오는 모습

가시연꽃_꽃 　　　　　　　가시연꽃_종자 결실

생육특성

　중부 이남에서 자라는 1년생 수초이다. 생육환경은 물이 고여 있는 늪지와 연못 같은 곳에서 자란다. 종자가 발아하여 수면 위로 올라오는 첫잎은 작지만 타원 모양을 거쳐 큰 잎이 나오고 완전히 자라면 둥글게 원반 모양을 이루고 약간 파진다. 지름은 작게는 20㎝에서부터 큰 것은 2m에 이르기까지 크기가 다양하고 표면에는 주름이 지고 광택이 나며 뒷면은 흑자색이며 앞과 뒷면에 가시가 돋는다. 꽃은 자색으로 잎 사이 혹은 잎을 뚫고 가시가 있는 긴 꽃줄기가 자라 줄기 끝에 지름 약 4㎝의 꽃이 1송이 피는데 오전부터 오후 2~3시경에 피었다 밤에 닫힌다. 열매는 10~11월에 공 모양으로 달리는데 지름은 5~7㎝이며 겉에는 가시가 나 있다. 종자는 꽃대가 형성 될 때 이미 결실되어 점차 성숙하는데 검은색이며 딱딱하다.

각시취

이 명 나래취, 참솜나물, 고려솜나물, 가는각시취, 홑각시취, 나래솜나물, 민각시취, 큰잎솜나물
학 명 *Saussurea pulchella* (Fisch.) Fisch.
과 명 국화과
개화기 8~10월

각시취_잎

각시취_꽃봉오리

각시취_꽃　　　　　　　　　각시취_종자 결실

생육특성

우리나라 각처의 산과 들에서 자라는 2년생 초본이다. 생육환경은 양지 혹은 반그늘의 풀숲에서 자란다. 키는 30~150㎝이고, 뿌리에서 나온 잎은 꽃이 필 때쯤 없어지고 잎 표면과 뒷면에는 작은 털이 나 있다. 꽃은 자주색이며 길이는 1~1.5㎝로 원줄기 끝과 가지 끝에서 핀다. 꽃가지가 밑에 있는 것은 길고 위의 것은 짧아 꽃들은 거의 비슷한 높이에서 핀다. 열매는 10~11월경에 달리고 자줏빛이 돌며 길이가 0.7~0.8㎝ 정도 되는 갓털이 2줄로 나 있다.

각시투구꽃

이 명 각씨투구꽃, 꼬마돌쩌귀
학 명 *Aconitum monanthum* Nakai
과 명 미나리아재비과
개화기 7~8월

각시투구꽃_잎

각시투구꽃_꽃봉오리

각시투구꽃_꽃

각시투구꽃_무리

생육특성

  백두산의 습한 곳에서 나는 다년생 초본이다. 생육환경은 경사진 곳이나 바위 틈의 햇볕이 잘 들어오면서 습도가 높고 토양이 비옥한 곳에서 자란다. 키는 약 20㎝이고, 잎 밑부분의 잎몸은 길지만 위쪽으로 올라오면서 점차 짧아지며 어긋나고 잎몸은 3~8개로 갈라진다. 갈라진 잎들은 잘고 가늘며 끝이 뾰족하며 잎 가운데 뚜렷한 맥이 있다. 꽃은 짙은 자주색으로 원줄기 끝에 1~3송이가 핀다. 꽃받침잎은 5개이며 투구 모양인데 앞쪽이 부리같이 튀어나오고 중앙의 것은 달걀을 거꾸로 세운 모양이고 아래에 있는 것은 긴 타원 모양으로 앞으로 비스듬히 나온다. 열매는 9~10월에 달린다. 각시투구꽃은 독성이 강한 식물이어서 나물로 먹지 않으며 뿌리는 약용으로 사용한다.

  각시투구꽃과 매우 유사한 품종으로는 잎 모양이 더 깊게 찢어진 '가는돌쩌귀'가 있다.

감국

이 명 국화, 들국화, 선감국, 황국
학 명 *Dendranthema indicum* (L.) Des Moul.
과 명 국화과
개화기 9~11월

감국_잎   감국_꽃봉오리

감국_꽃 　　　　　　　　　　　　　감국_꽃(흰색)

생육특성

　전국의 산과 들에서 자라는 다년생 초본이다. 생육환경은 양지 혹은 반그늘의 풀숲에서 자란다. 키는 30~80㎝이고, 잎은 길이 3~5㎝, 폭이 2.5~4㎝이며 새의 날개처럼 깊게 갈라지고 끝에 톱니 모양이 나 있다. 꽃은 노란색으로 줄기와 가지 끝에 펼쳐지듯 뭉쳐 피며 지름은 2.5㎝ 정도이다. 열매는 12월경에 달리고 작은 종자들이 많이 들어 있다.

개박하

이 명 돌박하, 말들깨
학 명 *Nepeta cataria* L.
과 명 꿀풀과
개화기 6~8월

개박하_새순

개박하_줄기

개박하_잎

개박하_꽃봉오리

생육특성

우리나라 각처의 산과 들에서 자라는 다년생 초본이다. 생육환경은 반그늘 혹은 양지의 풀숲에서 자란다. 키는 50~100㎝이고, 잎은 길이 3~6㎝, 폭이 2~3.5㎝로 삼각 형태의 달걀과 같은 모양으로 끝에는 굵고 예리한 톱니 모양이 나 있다. 줄기는 사각형이고 전체에 흰색 털이 빽빽하게 붙어 있다. 꽃은 백자색으로 이삭처럼 달린 꽃 길이는 2~4㎝로 원줄기 끝과 가지 끝에서 핀다. 열매는 9~10월경에 타원 모양으로 달리고 길이는 0.2㎝ 정도로 작고 흑갈색이다.

개발나물

이 명 당개발나물, 가는개발나물, 가락잎풀
학 명 *Sium suave* Walter
과 명 산형과
개화기 8~9월

개발나물_잎   개발나물_꽃 피기 전

개발나물_꽃   개발나물_전초

생육특성

우리나라 중부 이남에서 자라는 다년생 초본이다. 생육환경은 물 빠짐이 좋고 토양 비옥도가 높은 곳의 반그늘 혹은 양지에서 자란다. 키는 약 1m이고, 잎은 끝이 뾰족하고 길이가 5~15㎝, 폭은 0.7~5㎝로 가장자리에 예리한 톱니 모양이 나 있으며 위로 올라갈수록 잎이 작아진다. 꽃은 흰색이며 모여 있는 줄기는 10~20개로 이들은 각각 작게 퍼진 줄기로 갈라지고 각 10여 송이의 꽃이 원줄기 끝과 가지 끝에서 핀다. 열매는 10~11월경에 달리고 길이는 0.3㎝ 정도로 작고 둥글다.

개쑥부쟁이

학 명 *Aster meyendorfii* (Regel & Maack) Voss
과 명 국화과
개화기 7~10월

개쑥부쟁이_잎

개쑥부쟁이_무리

개쑥부쟁이_꽃

개쑥부쟁이_종자 결실

생육특성

전국의 산과 들에서 자라는 다년생 초본이다. 생육환경은 비교적 건조한 곳에서 잘 자라며, 습도가 높은 곳에서 자라는 개체는 그해 꽃을 피우지 못하고 고사하는 경우가 대부분이다. 키는 50~100㎝이고, 잎은 길이가 6~8㎝, 폭이 2.5~3.5㎝이고 타원모양이며, 줄기에는 잔털이 나 있으며 잔가지를 많이 낸다. 꽃은 담자색으로 길이는 0.3㎝ 정도, 폭은 0.2㎝ 정도이고 지름이 1.5~1.8㎝로 가지 끝과 원줄기 끝에서 핀다. 열매는 9~11월경에 달리고 길이는 0.3㎝ 정도, 폭 0.2㎝ 정도로 털이 나 있으며 붉은 빛이 도는 갓털은 길이가 0.3㎝ 정도이다.

개쓴풀

이 명 나도쓴풀, 좀쓴풀
학 명 *Swertia diluta* var. *tosaensisn* (MAK.) HARA
과 명 용담과
개화기 9월

개쓴풀_잎

개쓴풀_꽃봉오리

개쓴풀_꽃

개쓴풀_꽃(측면)

생육특성

 제주도와 충청도, 전라남도 들의 습지에서 나는 2년생 초본이다. 생육환경은 반그늘 진 곳의 습도가 높고 유기질 함양이 높은 곳에서 자란다. 키는 5~35㎝이고, 잎은 길이 2~5㎝, 폭은 0.3~1㎝로 긴 타원 모양이고 끝이 둔하며 가장자리가 밋밋하다. 줄기는 원줄기에서 위로 올라가며 잔가지가 많이 갈라지고 약간 네모지며 엷은 노란색이다. 꽃은 지름 약 1.5㎝이며 줄기 윗부분이나 가지의 잎겨드랑이에서 흰색 바탕에 연한 자주색 줄이 나 있고 1송이에서 여러 송이가 핀다. 꽃받침잎은 5개로 갈라지며 찢어진 꽃부리는 길이가 0.8~1.2㎝이고 밑부분에 2개가 있으며 가장자리에는 긴 털이 나 있다. 열매는 10~11월경에 달걀 모양으로 달린다.

갯쑥부쟁이

이 명 개쑥부장이, 개쑥부쟁이, 구계쑥부쟁이, 들쑥부쟁이, 묵국화, 흰개쑥부장이
학 명 *Aster hispidus* Thunb.
과 명 국화과
개화기 8~11월

갯쑥부쟁이_새순

갯쑥부쟁이_무리

갯쑥부쟁이_꽃 　　　　　　　　갯쑥부쟁이_종자 결실

생육특성

제주도 및 남해안, 동해안 각처의 해변가 암벽이나 산지의 건조한 땅에서 자라는 2년생 초본이다. 생육환경은 물이 많지 않은 건조한 땅이나 해변의 암벽, 햇볕이 잘 드는 곳에서 자란다. 키는 30~100㎝이고, 잎은 길이 7~13㎝, 폭은 1~1.5㎝로 끝이 둔하며 윗부분의 잎은 넓지만 아랫부분으로 갈수록 좁아진다. 가장자리에는 톱니 모양과 함께 잔털이 많으며 표면과 뒷면에도 잔털이 많이 나 있다. 꽃은 자주색으로 지름이 3~5㎝이고 원줄기 끝이나 곁가지 끝에서 피며 꽃잎의 길이는 1.5~2.5㎝, 폭은 0.3㎝ 내외로 20~30장가량 달린다. 열매는 흰색의 갓털이 나 있으며 길이는 0.3㎝ 정도, 폭 0.2㎝ 정도로 11월경에 달린다.

고들빼기

이 명 참꼬들빽이, 빗치개씀바귀, 씬나물, 좀두메고들빼기, 애기번줄씀바귀
학 명 *Crepidiastrum sonchifolium* (Maxim.) Pak & Kawano
과 명 국화과
개화기 7~9월

고들빼기_꽃봉오리

고들빼기_꽃

고들빼기_잎

고들빼기_꽃(흰색)

생육특성

전국의 산과 들에서 자라는 2년생 초본이다. 생육환경은 양지 혹은 반그늘에서 자란다. 키는 20~80㎝이고, 잎은 길이 2.5~5㎝, 폭은 1.4~1.7㎝로 표면은 녹색, 뒷면은 회청색이고 끝은 빗살 모양처럼 갈라진다. 꽃은 연노란색으로 머리꽃은 가지 끝에 펼쳐져 뭉치 듯 피고 꽃줄기는 2~3개 정도로 길이는 0.5~0.9㎝이다. 열매는 검은색으로 9~10월경에 달리고 길이는 0.3㎝ 정도로 편평한 원추 모양이며 흰색의 갓털은 길이가 0.3㎝ 정도이다.

고사리삼

이 명 꽃고사리
학 명 *Sceptridium ternatum* (Thunb.) Lyon
과 명 고사리삼과

고사리삼_영양엽   고사리삼_포자엽의 포자낭

고사리삼_꽃봉오리 고사리삼_무리

생육특성

　제주, 지리산, 덕유산, 경상남도, 경상북도, 강원도, 경기도 일대의 높은 산에 자생하는 다년생 양치류이다. 생육환경은 습도가 높고 토양이 비옥한 반그늘의 풀숲에서 자란다. 키는 약 50㎝이고, 잎은 두꺼우며 광채가 나고 포자가 없는 영양엽은 잎자루가 3갈래로 갈라지며 길고 끝에 톱니 모양이 나 있다. 포자가 있는 포자엽은 영양엽보다 길고 가지에 뿔 모양으로 된 길이 5㎝ 정도의 좁쌀과 같은 포자낭이 달린다. 열매는 9~11월에 달리고 각 가지에 좁쌀 같은 포자낭이 달린다.

과남풀

이 명 칼잎룡담
학 명 *Gentiana triflora* var. *japonica* (Kusn.) H. Hara
과 명 용담과
개화기 8~9월

과남풀_꽃봉오리

과남풀_꽃 지는 모습

과남풀_전초

생육특성

우리나라 전역의 깊은 산에서 자라는 다년생 초본이다. 생육환경은 물 빠짐이 좋은 반그늘 혹은 양지의 풀숲에서 자란다. 키는 약 1m 정도이고, 잎은 긴 타원 모양으로 뾰족하며 마주난다. 꽃은 보라색이며 종 모양으로 줄기 끝이나 잎겨드랑이에 여러 송이가 핀다. 열매는 10~11월경에 달리고 갈색으로 된 씨방에는 먼지처럼 작은 종자가 많이 들어 있다.

구름국화

이 명 큰산금전화, 구름금잔화, 산망초
학 명 *Erigeron thunbergii* subsp. *glabratus* (A.Gray) Hara
과 명 국화과
개화기 7~8월

구름국화_잎   구름국화_꽃봉오리

구름국화_꽃 구름국화_무리

생육특성

우리나라 고산지역에서 나는 다년생 초본이다. 생육환경은 햇볕이 많이 드는 풀숲의 마른 곳으로 배수가 잘되고 토양이 비옥한 곳에서 자란다. 키는 10~35㎝이고, 잎은 길이가 5~10㎝, 폭이 1~1.8㎝로 주걱 모양이며 가장자리는 밋밋하거나 톱니 모양이 나 있는 것도 있다. 줄기에는 털이 많고 처음 올라온 잎이 마른 상태에서 줄기를 감싼다. 꽃은 자주색으로 원줄기 끝에 1송이가 피고 지름은 3~4㎝이다. 열매는 9~10월경에 길이 약 0.3㎝ 정도의 갓털이 나 있는 아래에 긴 타원 모양으로 노란색의 종자가 달리는데 길이가 약 0.2㎝, 폭 약 0.1㎝이다. 이 식물은 주로 백두산에서 볼 수 있으며 관상용으로 쓰인다.

구릿대

이 명 구리때, 구릿때, 백지, 구리대
학 명 *Angelica dahurica* (Fisch. ex Hoffm.) Benth. & Hook. f. ex Franch. & Sav.
과 명 산형과
개화기 6~8월

구릿대_잎   구릿대_꽃봉오리

구릿대_꽃(측면)

구릿대_종자 결실

생육특성

우리나라 각처의 산에서 자라는 2년생 초본 또는 3년생 초본이다. 생육환경은 골짜기 주변과 습도가 높은 곳에서 자란다. 키는 1~1.5m이고, 잎은 여러 갈래로 갈라져 나오며 전체적으로는 달걀 모양을 하고 길이는 5~10㎝ 정도이다. 잎 끝에는 톱니 모양이 나 있으며 잎 뒷면은 흰빛이 돌고 위로 올라갈수록 작아진다. 꽃은 흰색이며 작은 꽃들이 모여 하나의 무리가 되어 상단부에 뭉쳐서 피며 전체적인 지름은 7~15㎝ 정도이다. 열매는 9~10월경에 달리고 편평한 타원 모양이다.

구와말

이 명 논말
학 명 *Limnophila sessiliflora* BL.
과 명 현삼과
개화기 8~9월

구와말_새순

구와말_지상부

구와말_꽃봉오리　　　　　　　　구와말_시든 모습

생육특성

　우리나라 중부 이남의 논이나 연못에서 나는 다년생 수초이다. 생육환경은 햇볕이 잘 들거나 반그늘 진 곳의 물이 많지 않은 습지나 웅덩이에서 자란다. 키는 10~30㎝이고, 잎은 길이가 1~2㎝, 폭은 0.3~0.7㎝로 5~8개가 물 밖에서 돌려 나며 물속에 있는 잎은 1~3개가 새의 깃처럼 완전히 갈라진다. 꽃은 잎겨드랑이에서 꽃줄기가 거의 없이 1송이씩 홍자색으로 피고, 꽃받침은 길이가 약 0.6㎝로 밑부분에 털이 조금 나 있다. 꽃부리는 통 모양이며 길이 0.6~1㎝로 윗입술조각은 2개로 갈라지고 아랫입술조각은 3개로 길게 갈라진다. 열매는 10월경에 길이 약 0.4㎝ 정도의 공 모양으로 달리며 종자는 아주 작고 긴 타원 모양이다.

구절초

이 명 넓은잎구절초, 낙동구절초, 선모초, 큰구절초
학 명 *Dendranthema zawadskii* var. *latilobum* (Maxim.) Kitam.
과 명 국화과
개화기 9~10월

구절초_새순 올라오는 모습

구절초_잎

구절초_꽃   구절초_종자 결실

생육특성

우리나라 각처의 산지에서 많이 자라는 다년생 초본이다. 생육환경은 산의 등산로 부근이나 양지 바른 곳 혹은 반그늘의 풀숲에서 자란다. 키는 50~100㎝ 정도이고, 잎은 달걀 모양으로 가장자리가 얇게 갈라지며 길이는 4~7㎝, 폭은 3~5㎝이다. 꽃은 흰색이며 향기가 나고 줄기나 가지 끝에서 1송이씩 피는데 1포기에서 5송이 정도 핀다. 처음 꽃대가 올라올 때는 분홍빛이 도는 흰색이고 개화하면서 흰색으로 변하는데 꽃의 지름은 6~8㎝ 정도이다. 열매는 10~11월에 달린다.

우리나라에 자생하는 구절초 종류는 '울릉국화', '낙동구절초', '포천구절초', '서흥구절초', '남구절초', '한라구절초' 등 30여 가지가 넘고 대부분 '들국화'로 불린다.

그늘돌쩌귀

이 명 진돌쩌귀, 싹눈바꽃, 세잎돌쩌귀
학 명 *Aconitum uchiyamai* Nakai
과 명 미나리아재비과
개화기 7~9월

그늘돌쩌귀_잎

그늘돌쩌귀_꽃(분홍색)

그늘돌쩌귀_꽃(측면)

그늘돌쩌귀_종자 결실

생육특성

　우리나라 각처의 산에서 자라는 다년생 초본이다. 생육환경은 반그늘과 습기가 많으며 물 빠짐이 좋은 곳에서 군락을 이룬다. 키는 약 1m이고, 잎은 손바닥 모양으로 생겼으며 길이는 5~10㎝이다. 꽃은 자주색이고 모양은 고깔이나 투구와 같으며 원줄기 끝과 줄기 윗부분의 잎겨드랑이에서 피고 작은 꽃줄기는 털이 많다. 열매는 9~10월경에 달리고 타원 모양이며 뾰족한 암술대가 남는다.

까실쑥부쟁이

이 명 껄큼취, 까실쑥부장이, 곰의수해, 산쑥부쟁이, 흰까실쑥부쟁이
학 명 *Aster ageratoides* Turcz.
과 명 국화과
개화기 8~10월

까실쑥부쟁이_새순

까실쑥부쟁이_잎

까실쑥부쟁이_줄기　　　　　까실쑥부쟁이_꽃

생육특성

우리나라 각처의 산이나 들에서 자라는 다년생 초본이다. 생육환경은 반그늘과 양지에서 자생하며 비옥한 토양에서 잘 자란다. 키는 1m 내외이고, 잎은 긴 타원 모양이며 잎 끝에는 톱니 모양이 나 있고 자주색의 띠가 있다. 잎의 길이는 10~14㎝이며 표면이 거칠고 줄기 위로 올라갈수록 작아진다. 꽃은 연한 자주색과 연한 보라색이며 지름은 약 2㎝ 정도이다. 열매는 10~11월에 달리고 타원 모양이며 털이 나 있다.

꽃층층이꽃

이 명 층층이꽃, 자주층꽃
학 명 *Clinopodium chinense* var. *grandiflora* (Maxim.) Kitag.
과 명 꿀풀과
개화기 7~8월

꽃층층이꽃_잎

꽃층층이꽃_꽃

꽃층층이꽃_종자 결실　　　　　　꽃층층이꽃_무리

생육특성

우리나라 전역의 산과 들에서 자라는 다년생 초본이다. 생육환경은 반그늘 혹은 양지의 풀숲에서 자란다. 키는 15~40㎝이고, 잎은 길이 2~4㎝, 폭은 1~2.5㎝로 가장자리에 톱니 모양이 나 있고 마주나며 긴 타원 모양이다. 꽃은 분홍색이며 길이가 0.5~0.8㎝로 층층으로 조밀하게 원줄기 끝과 가지 끝에서 핀다. 열매는 9~10월경에 달린다.

꽃향유

이 명 붉은향유
학 명 *Elsholtzia splendens* Nakai ex F.Maek.
과 명 꿀풀과
개화기 9~10월

꽃향유_잎   꽃향유_꽃봉오리

꽃향유_꽃(측면)　　　　　　　꽃향유_종자 결실

생육특성

 우리나라 중부 이남에서 자생하는 1년생 초본이다. 생육환경은 양지 혹은 반그늘 풀숲의 습도가 높은 곳에서 자란다. 키는 약 50㎝이고, 잎 가장자리에는 이 모양의 둔한 톱니 모양이 나 있으며 길이는 8~12㎝ 정도이다. 꽃은 분홍빛이 나는 자주색으로 줄기 한쪽 방향으로만 **빽빽**이 뭉쳐서 피고 길이는 6~15㎝이다. 열매는 11월에 달리고 꽃봉오리가 진 자리에 작고 많은 씨가 달린다.

꿩의비름

이 명 큰꿩의비름(중국 명)
학 명 *Hylotelephium erythrostictum* (Miq.) H.Ohba
과 명 돌나물과
개화기 8~9월

꿩의비름_새순

꿩의비름_꽃봉오리

꿩의비름_꽃

꿩의비름_꽃(흰색)

생육특성

우리나라 각처의 산지에서 자라는 다년생 초본이다. 생육환경은 풀숲의 양지 바른 곳이나 돌 틈에서 자란다. 키는 30~90㎝, 잎은 다육질이며 긴 타원 모양인데 길이는 6~9㎝이고 잎 가장자리에 톱니 모양이 나 있다. 꽃은 흰색 바탕에 붉은색이 돌고 위의 꽃은 꽃줄기가 길고 아래 꽃은 줄기가 짧으며 지름이 6~10㎝가량 된다. 열매는 10~11월에 달리고 작은 꽃들 안에 먼지처럼 들어 있기 때문에 종자를 받을 때 주의해야 한다.

나도송이풀

학 명 *Phtheirospermum japonicum* (Thunb.) Kanitz
과 명 현삼과
개화기 8~9월

나도송이풀_잎

나도송이풀_꽃 피기 전

나도송이풀_꽃 나도송이풀_종자 결실

생육특성

우리나라 전역의 산과 들에서 자라는 반기생 1년생 초본이다. 생육환경은 반그늘 혹은 양지의 풀숲에서 자란다. 키는 30~60㎝이고, 잎은 길이 3~5㎝, 폭이 2~3.5㎝로 마주나고 삼각형을 띤 달걀과 같은 모양으로 끝은 뾰족하다. 꽃은 연한 홍자색으로 줄기 윗부분의 잎자루에서 여러 송이가 아래에서부터 피어 위쪽으로 올라간다. 열매는 9~10월경에 달리고 길이는 3~12㎝, 폭은 4~6㎝로 끝이 뾰족하고 달걀 모양이다.

노랑투구꽃

이 명 오돌또기
학 명 *Aconitum sibiricum* Poiret
과 명 미나리아재비과
개화기 9월

노랑투구꽃_잎

노랑투구꽃_꽃

생육특성

강원도 이북의 산지에서 나는 다년생 초본이다. 생육환경은 바람이 잘 통하는 곳의 토양 유기질 함양이 높고 반그늘 진 곳이나 햇볕이 들어오는 곳의 경사지에서 자란다. 키는 약 1m이고, 밑에 나는 잎은 잎줄기가 매우 길며 퍼진 털이 나 있고 위로 올라갈수록 잎은 짧아지며 3개로 갈라지고 옆의 찢어진 잎은 다시 깊게 갈라져 마치 5개로 갈라진 것 같이 보인다. 찢어진 잎은 다시 새의 깃 모양으로 갈라지며 표면에는 꼬부라진 털이 나고 뒷면 잎맥 위에 긴 털이 많이 나 있다. 꽃은 노란색으로 긴 꽃대에 꽃자루가 있는 여러 송이의 꽃이 어긋나게 붙어서 밑에서부터 피기 시작하여 끝까지 올라가고 작은 꽃줄기는 꽃받침과 더불어 꼬부라진 털이 많이 나 있다. 꽃받침조각은 5개로 위쪽 것은 원통 모양이다. 열매는 9~10월경에 타원 모양으로 달린다. 이 품종은 멸종위기식물로 분류되어 있다.

이 품종이 꽃을 피는 시기는 다른 초오속(동종으로 분류된 군) 식물들이 꽃을 피는 것과 일치한다. 때문에 이 품종과 유사한 '흰진교'와 얼핏 보면 매우 똑같기에 혼돈을 일으키는 경우가 많다.

논뚝외풀

학 명 Lindernia micrantha D.Don
이 명 드렁고추, 고추풀
과 명 현삼과
개화기 8~9월

논뚝외풀_잎   논뚝외풀_무리

논뚝외풀_꽃

논뚝외풀_시드는 모습

생육특성

우리나라 중부 이남의 논이나 논둑의 습지에서 자라는 1년생 초본이다. 생육환경은 물이 잘 빠지지 않는 습지면서 햇볕이 잘 들어오는 곳에서 자란다. 키는 8~25㎝이고, 잎은 길이가 1~4㎝, 폭이 0.3~0.6㎝로 뾰족한 피침 모양 또는 긴 타원 모양으로 어긋난다. 줄기는 밑부분에서 가지가 갈라진다. 꽃은 지름이 약 1㎝ 정도의 연한 홍자색으로 잎겨드랑이에서 1송이씩 피고 꽃부리는 길이가 약 1㎝로 양순형, 즉 2개의 입술 모양인데 윗부분은 2개로 얕게 갈라지고 아래는 3개로 갈라진다. 열매는 10월경에 길이가 1~1.5㎝ 정도의 가는 선 모양으로 달리고 안에는 작은 종자가 많이 들어 있다. 관상용으로 쓰인다.

놋젓가락나물

이 명 선덩굴바꽃
학 명 *Aconitum ciliare* DC.
과 명 미나리아재비과
개화기 8~9월

놋젓가락나물_잎

놋젓가락나물_꽃

놋젓가락나물_꽃(측면)　　　　　　　놋젓가락나물_종자 결실

생육특성

우리나라 각처의 산지에서 자라는 덩굴성 다년생 초본이다. 생육환경은 물 빠짐이 좋은 숲 속 나무 아래에서 자라는 반그늘 식물이다. 덩굴 길이는 약 2m이고, 잎은 어긋나고 손바닥 모양으로 3~5갈래로 갈라지며 갈라진 잎은 앞이 뾰족하다. 꽃은 투구 모양으로 생겼으며 뭉쳐서 피고 보라색과 자주색 꽃이 핀다. 열매는 10~11월에 달리고 5개로 나누어진 씨방에는 많은 종자가 들어 있다.

누린내풀

이 명 노린재풀, 구렁내풀
학 명 *Caryopteris divaricata* (Siebold & Zucc.) Maxim.
과 명 마편초과
개화기 7~8월

누린내풀_새순

누린내풀_꽃봉오리

누린내풀_꽃   누린내풀_종자 결실

생육특성

우리나라 중부 이남에서 자라는 다년생 초본이다. 생육환경은 비옥한 토지의 양지에서 자란다. 키는 약 1m 정도이고, 잎은 길이 8~13㎝, 폭은 4~8㎝로 넓은 달걀 모양이고 마주나며 끝이 뾰족하고 가장자리에 톱니 모양이 나 있다. 꽃은 벽자색이고 줄기에서 드문드문 피며 꽃이 필 때 고약한 냄새가 난다. 전체적으로는 짧은 털이 나 있고 줄기는 네모지다. 열매는 9~10월경에 달리며 4개로 갈라지고 종자는 길이가 약 0.4㎝로 표면에 그물 눈 무늬와 점이 있다. 외형적으로는 꽃 하단부에 흰 반점과 같은 것이 있으며 수술과 암술이 길게 화살 모양으로 나 있다.

눈괴불주머니

이 명 눈뿔꽃, 누운괴불주머니
학 명 *Corydalis ochotensis* Turcz.
과 명 현호색과
개화기 7~9월

눈괴불주머니_잎    눈괴불주머니_꽃봉오리

눈괴불주머니_꽃　　　　　　　　눈괴불주머니_종자 결실

생육특성

우리나라 각처의 산에서 자라는 2년생 초본이다. 생육환경은 산지의 양지 혹은 반그늘의 습기가 많은 곳에서 자란다. 길이는 약 60㎝ 정도이며, 잎은 길이 1~1.5㎝로 어긋나고 상단부에 나는 작은 잎은 3갈래로 갈라지는 타원 모양이다. 꽃은 노란색으로 길이는 1.5~2㎝로 가지 끝이나 원줄기 끝에 뭉쳐서 핀다. 열매는 9~10월경에 달리고 긴 달걀을 거꾸로 세운 모양으로 길이는 1.2~1.5㎝, 폭은 0.3~0.5㎝이며, 종자는 검은색이고 광택이 난다.

당잔대

이 명 털모싯대, 당모싯대, 둥근잎잔대, 살구잔대
학 명 *Adenophora stricta* Miq.
과 명 초롱꽃과
개화기 8~9월

당잔대_새순

당잔대_꽃봉오리

당잔대_꽃　　　　　　　　　당잔대_종자 결실

생육특성

우리나라 각처에서 자라는 다년생 초본이다. 생육환경은 경사지고 햇볕이 잘 드는 곳에서 자란다. 키는 50~100㎝이고, 잎은 가장자리에 거친 톱니 모양이 나 있으며 심장형으로 둥글며 길이는 3~7㎝, 폭은 1~3㎝이다. 뿌리는 도라지와 유사한 형태를 보인다. 꽃은 종 모양으로 줄기를 따라 위로 올라가며 피며 보라색 수술은 5개이고 꽃잎 밖으로 나온 암술은 1개이다. 열매는 10월경에 잎이 달린 채로 달리며 안에는 먼지 같은 종자들이 수없이 들어 있다.

다른 잔대들과의 쉬운 구별법은 잎이 둥글고 꽃이 조금 크다는 것이다.

덩굴닭의장풀

이 명 덩굴닭의밑씻개, 덩굴달개비
학 명 *Streptolirion volubile* Edgew.
과 명 닭의장풀과
개화기 8~9월

덩굴닭의장풀_잎

덩굴닭의장풀_덩굴 나온 모습

덩굴닭의장풀_꽃　　　　　　　　　　덩굴닭의장풀_종자 결실

생육특성

우리나라 각처의 산지 나무 밑에서 나는 1년생 초본이다. 생육환경은 반그늘 진 곳에서 주로 자라지만 햇볕이 잘 들어오는 곳에서도 많이 관찰되며 습도가 높거나 습지와 같은 곳에서 자란다. 키는 2~3m이고, 잎은 길이 5~14㎝, 폭은 3~9㎝로 어긋나고 끝은 뾰족하고 가장자리에는 잔털이 나 있고 표면에도 털이 나 있으며 잎자루는 3~9㎝이다. 줄기는 물체를 감으면서 올라간다. 꽃은 줄기 끝이나 잎겨드랑이에서 긴 꽃대가 나와 끝에 2~3송이씩 지름 0.5~0.8㎝의 흰색 꽃이 피지만 하루 만에 시든다. 꽃받침조각 길이는 약 0.4㎝이고 장타원 모양이며 꽃잎은 배모양으로 뒤로 말리며 수술은 6개이고 수술대에는 꼬불꼬불한 흰 털이 나 있다. 열매는 9~10월경에 길이가 0.8~1.1㎝의 타원 모양으로 달리고 안에는 잔돌기가 있는 종자가 2~6개 정도 들어 있다.

독활

이 명 땃두릅
학 명 *Aralia cordata* var. *continentalis* (Kitag.) Y.C.Chu
과 명 두릅나무과
개화기 7~8월

독활_잎

독활_꽃봉오리

독활_꽃 피는 모습

독활_종자 결실

생육특성

주산지는 울릉도이며 전국에서 분포하고 약용식물로 재배하기도 하는 다년생 초본이다. 생육환경은 양지 혹은 반그늘에서 자란다. 키는 약 1.5m까지 자라고, 잎은 길이가 50~100㎝로 크고 어긋난다. 작은 잎 표면은 녹색이고 뒷면은 흰빛이 도는 타원 모양으로 길이는 5~30㎝, 폭이 3~20㎝이다. 꽃은 연한 녹색이고 지름은 0.3㎝ 정도로 작으며 가지와 원줄기 끝 또는 윗부분의 잎겨드랑이에서 핀다. 열매는 9~10월경에 작은 공 모양으로 달린다.

두메투구꽃

이 명 두메투구풀, 두메꼬리풀, 덩굴꼬리풀
학 명 *Veronica stelleri* var. *longistyla* Kitag.
과 명 현삼과
개화기 7~8월

두메투구꽃_새순

두메투구꽃_꽃봉오리

두메투구꽃_꽃　　　　　　　　　　　두메투구꽃_종자 결실

생육특성

우리나라 북부 고산지역에서 나는 다년생 초본이다. 생육환경은 습도가 높은 곳이나 햇볕이 잘 들어오지 않는 바위 틈의 유기질 함량이 많은 곳에서 자란다. 키는 7~15㎝이고, 잎은 길이가 1~2.5㎝, 폭이 0.8~1.5㎝이고 밑부분이 둥글며 5~8쌍씩 붙어 있다. 줄기 전체에는 흰색 털이 나 있다. 꽃은 자주색으로 원줄기 끝에 피고 꽃부리는 지름이 1~1.2㎝이며 암술대는 가운데에서 길게 밖으로 돌출되며 길이는 0.3~0.6㎝이고 수술은 암술과 길이가 비슷하고 2개가 달린다. 열매는 9월경에 달리고 편평한 원 모양으로 끝이 오목하게 들어간다. 뿌리는 약용으로 사용하며 관상용으로도 쓰인다.

일반적인 투구꽃 종류의 형태와는 매우 다르게 피기 때문에 처음에는 다른 품종으로 오해할 수 있다. 따라서 이 식물을 관찰하기 위해서는 사전에 식물의 정보를 아는 것이 중요하다.

둥근잎꿩의비름

학 명 *Hylotelephium ussuriense* (Kom.) H. Ohba
과 명 돌나물과
개화기 7~8월

둥근잎꿩의비름_잎

둥근잎꿩의비름_꽃

둥근잎꿩의비름_무리

생육특성

경상북도의 주왕산과 지리산 및 우리나라 중북부 이북에서 자라는 다년생 초본이다. 키는 15~20㎝이고, 잎은 마주나고 다육질이며 달걀 모양으로 끝은 뾰족하거나 둔하다. 한쪽에 2~3개의 톱니 모양이 나 있고 길이는 4~7㎝, 폭은 3~6㎝이다. 꽃은 원줄기에서 둥글게 뭉쳐 피고 짙은 붉은 자주색으로 지름은 3~5㎝가량 된다. 열매는 9~10월경에 달리고 작은 꽃들이 핀 곳에 씨방이 만들어져 먼지처럼 많은 종자가 들어 있다.

땅귀이개

이 명 땅귀개
학 명 *Utricularia bifida* L.
과 명 통발과
개화기 8~9월

땅귀이개_꽃봉오리

땅귀이개_꽃(측면)

땅귀이개_꽃 지는 모습

땅귀이개_종자 결실

생육특성

 우리나라 각처의 산과 들에서 자라는 다년생 초본이다. 생육환경은 습도가 높고 물이 고여 있는 양지의 풀숲에서 자란다. 키는 7~15㎝이고, 잎은 길이 0.6~0.8㎝로 녹색이고 가늘고 길며 밑부분에 1~2개의 벌레 잡는 대가 있다. 꽃은 밝은 노란색으로 줄기를 따라 2~7송이가 피며 끝이 뾰족하다. 열매는 10~11월경에 달리는데 둥글며 지름이 0.4㎝정도이다.

뚜껑덩굴

이 명 단풍잎뚜껑덩굴, 합자초, 개뚜껑덩굴
학 명 *Actinostemma lobatum* (Maxim.) Maxim. ex Franch. & Sav.
과 명 박과
개화기 8~9월

뚜껑덩굴_잎

뚜껑덩굴_감고 올라가는 모습

뚜껑덩굴_꽃   뚜껑덩굴_종자 결실

생육특성

제주도와 남부지방 및 경기도 이북의 도랑이나 물가에서 자라는 1년생 초본이다. 생육환경은 물기가 많고 습도가 높은 곳에서 자란다. 키는 약 2m 정도까지 자라고, 잎은 길이가 5~10㎝, 폭이 2.5~7㎝로 가장자리에 낮은 톱니 모양이 나 있으며 어긋나고 덩굴손은 마주난다. 꽃은 황록색이며 수꽃은 5개의 황록색 수술이 있고 암꽃은 수꽃이 있는 부분에 1개씩 달리고 길이는 약 1㎝가량이다. 열매는 9~10월경에 익어 중심부가 갈라지고 안에서 길이 약 1㎝ 정도 되는 흑색 종자가 달린다.

며느리밑씻개

이 명 며느리밑씻개, 가시덩굴여뀌
학 명 *Persicaria senticosa* (Meisn.) H.Gross ex Nakai
과 명 마디풀과
개화기 7~8월

며느리밑씻개_잎

며느리밑씻개_꽃봉오리

며느리밑씻개_꽃

며느리밑씻개_종자 결실

생육특성

우리나라 각처의 산과 들에서 자라는 덩굴성 1년생 초본이다. 생육환경은 양지나 반그늘 어느 곳에서도 자란다. 키는 약 1~2m 정도이고, 잎은 길이와 폭이 각각 4~8㎝로 삼각형이고 어긋난다. 꽃은 연한 홍색이지만 끝부분은 붉은색이고 줄기나 가지 꼭대기 또는 잎겨드랑이에서 피고 꽃줄기에는 아래로 난 가시와 같은 잔털이 나 있다. 열매는 9~10월에 달리고 삼각형 모양에 검은 광택이 난다.

며느리배꼽

이 명 며느리배꼽, 참가시덩굴여뀌
학 명 *Persicaria perfoliata* (L.) H.Gross
과 명 마디풀과
개화기 7~9월

며느리배꼽_꽃봉오리

며느리배꼽_꽃

며느리배꼽_줄기   며느리배꼽_종자 결실

생육특성

우리나라 각처의 길가나 집 주변의 들에서 자라는 덩굴성 1년생 초본이다. 생육환경은 햇볕이 잘 드는 곳이면 토양의 비옥도에 관계없이 어디서나 잘 자란다. 키는 약 2m가량 덩굴로 뻗어나며, 잎표면은 녹색이고 뒷면은 흰빛이 돌며 길이는 3~6㎝, 폭은 3~8㎝이며 삼각형이고 끝이 뾰족하다. 줄기에는 작은 가시들이 아래로 나 있어 다른 식물을 감고 올라가기 쉽다. 꽃은 연한 녹색을 띤 흰색으로 잎이 접시처럼 꽃을 받치고 있다. 열매는 10월경에 달리는데 검은색이며 둥글고 광채가 많이 난다.

무릇

이 명 물구, 물굿, 물구지
학 명 *Scilla scilloides* (Lindl.) Druce
과 명 백합과
개화기 7~8월

무릇_잎 올라오는 모습

무릇_무리

무릇_꽃 피는 모습

무릇_종자 결실

생육특성

 우리나라 각처의 들이나 산에서 자라는 다년생 초본이다. 생육환경은 양지바른 곳이면 어디서든지 자란다. 키는 20~50㎝이고, 잎은 선처럼 가늘고 길며 여러 장의 잎이 밑동에서 나온다. 잎끝은 날카로우며 길이는 15~30㎝, 폭은 0.4~0.6㎝이다. 꽃은 진한 분홍색으로 줄기 윗부분에서 여러 송이가 뭉쳐서 핀다. 뿌리는 길이 2~3㎝로 둥글며 껍질은 흑갈색이다. 열매는 9~10월경에 달리며 종자는 넓고 뾰족하다.

문주란

이 명 문주화
학 명 *Crinum asiaticum* var. *japonicum* Baker
과 명 수선화과
개화기 7~9월

문주란_잎   문주란_꽃봉오리

문주란_꽃

문주란_종자 결실

생육특성

제주도 토끼섬 해변의 모래땅에서 자라는 상록 다년생 초본이다. 생육환경은 햇볕이 잘 들어오는 모래땅에서 자란다. 키는 30~50㎝이고, 잎은 길이 30~60㎝, 폭은 4~9㎝이고 끝이 뾰족하며 털이 없고 육질이며 광택이 나며 밑부분이 둥근 뿌리를 둘러싼다. 뿌리는 구근이며 국수발과 같은 뿌리가 사방으로 뻗어나간다. 꽃은 흰색으로 길이는 6~10㎝이고 잎 사이에서 꽃줄기가 올라와 우산 모양으로 위에서 아래로 쳐지면서 피고 수술 윗부분은 자주색이다. 열매는 9~10월경에 길이와 직경이 각각 2~2.5㎝로 둥글게 달리며 회백색이다. 관상용으로 쓰이며 잎은 약재로 사용한다.

물매화

이 명 물매화풀, 풀매화
학 명 *Parnassia palustris* L.
과 명 범의귀과
개화기 7~9월

물매화_새순

물매화_꽃(측면)

물매화_종자 결실 모습　　　　　　　　　물매화_종자 결실

생육특성

우리나라 각처의 산에서 자라는 다년생 초본이다. 생육환경은 햇볕이 잘 드는 양지와 습도가 높지 않은 산기슭에서 자란다. 키는 약 10~30㎝이고, 잎은 길이가 5~7㎝, 폭은 3~5㎝로 끝은 뭉뚝하고 달걀 모양이다. 꽃은 흰색이며 줄기 끝에 1송이가 핀다. 수술 뒤쪽에는 물방울 모양이 많이 달려 있다. 열매는 길이가 1~1.2㎝로 달걀 모양이고 안에는 작고 많은 종자가 들어 있다.

물질경이

이 명 물배추
학 명 *Ottelia alismoides* (L.) Pers.
과 명 자라풀과
개화기 9월

물질경이_잎 물질경이_꽃

생육특성

우리나라 각처의 논이나 도랑의 물속에서 자라는 1년생 초본이다. 생육환경은 유속이 빠르지 않은 물가나 물이 고인 곳에서 자란다. 키는 5~8㎝이고, 잎은 타원 모양으로 가장자리는 다소 주름지며 길이는 10~20㎝, 폭은 2~15㎝이다. 잎 끝이 둔하고 부드럽고 얇으며 자갈색을 띤 녹색이다. 꽃은 연한 분홍색을 띤 흰색이고 닭 벼슬과 같은 날개가 있으며 길이는 4㎝ 정도이고 잎 사이에서 나온 꽃자루 끝에 1송이가 핀다. 열매는 10월경에 달리는데 길이가 3.5㎝로 타원 모양이고 많은 종자가 들어 있다.

미역취

이 명 돼지나물
학 명 Solidago virgaurea subsp. *asiatica* Kitam. ex H.Hara
과 명 국화과
개화기 7~10월

미역취_잎

미역취_꽃봉오리

미역취_꽃 미역취_종자 결실

생육특성

우리나라 각처의 산이나 들에서 자라는 다년생 초본이다. 생육환경은 반그늘과 햇볕이 잘 들어오는 곳에서 자란다. 키는 30~80㎝이고, 잎 표면은 녹색이고 약간 털이 나 있으며 뒷면은 엷은 녹색이며 털이 없다. 잎은 위로 올라가면서 점점 작아지고 가장자리에 톱니 모양이 나 있으며 길이는 7~9㎝, 폭 1.5~5㎝이다. 꽃은 노란색으로 3~5송이가 뭉쳐서 핀다. 열매는 11월에 달리고 씨방 끝에 솜털과 같은 털이 나 있으며 길이는 0.4㎝ 정도이다.

민구와말

이 명 좀마름
학 명 *Limnophila indica* (L.) Druce
과 명 현삼과
개화기 8~9월

민구와말_새순

민구와말_꽃봉오리

민구와말_종자 결실

민구와말_무리

생육특성

우리나라 중부 이남의 논이나 연못에서 나는 다년생 수초이다. 생육환경은 햇볕이 잘 들어오거나 반그늘 진 곳의 물이 많지 않은 습지나 웅덩이에서 자란다. 키는 10~30㎝이고, 잎은 길이가 1~2㎝, 폭은 0.3~0.7㎝로 5~8개가 물 밖에서 돌려나며 물속에 있는 잎은 더욱 좁게 줄 모양으로 갈라진다. 꽃은 잎겨드랑이에서 꽃줄기가 1송이씩 자주색으로 핀다. 꽃받침은 길이가 약 0.4㎝이고 꽃부리는 통 모양으로 0.6~1㎝이며 윗입술조각은 2개로 갈라지고 아랫입술조각은 3개로 길게 갈라진다. 열매는 10월경에 길이 약 0.3㎝ 정도의 공 모양으로 달리며 종자는 아주 작고 긴 타원 모양이다.

바디나물

이 명 사약채, 흰사약채, 흰꽃바디나물, 흰바디나물
학 명 *Angelica decursiva* (Miq.) Franch. & Sav.
과 명 산형과
개화기 8~9월

바디나물_새순　　　　　　　　　　바디나물_잎

바디나물_꽃　　　　　　　　　바디나물_종자 결실

생육특성

우리나라 각처의 산이나 들, 습도가 높은 곳에서 자라는 다년생 초본이다. 생육환경은 햇볕이 잘 들어오는 양지와 반그늘의 물기가 많은 곳에서 자란다. 키는 80~150㎝이고, 잎은 삼각상의 넓은 달걀 모양으로 여러 개의 작은 잎이 새의 깃 모양처럼 붙어 있다. 잎의 길이는 5~10㎝이고, 결각 모양의 톱니 모양과 예리한 톱니 모양이 나 있다. 꽃은 짙은 자주색이나 흰색으로 줄기 위와 잎 사이에서 핀다. 열매는 10~11월경에 달리고 길이가 0.5㎝ 정도이며 편평한 타원 모양이다.

바위솔

이 명 지붕직이, 와송, 넓은잎지붕지기, 오송, 넓은잎바위솔(북)
학 명 *Orostachys japonica* (Maxim.) A. Berger
과 명 돌나물과
개화기 9월

바위솔_새순

바위솔_꽃대

바위솔_꽃 피기 전   바위솔_꽃

생육특성

우리나라 각처의 산과 바위 틈에서 자라는 다년생 초본이다. 생육환경은 햇볕이 잘 들어오는 바위나 집 주변의 기와에서 자란다. 키는 20~40㎝ 가량이고, 잎은 원줄기에 많이 붙어 있으며 끝 부분은 가시처럼 날카롭다. 꽃은 흰색으로 줄기 아랫부분에서부터 피며 위쪽으로 올라간다. 집 주변의 오래된 기와에서 흔히 볼 수 있는 품종으로 일명 '와송(瓦松)'이라고도 하며 꽃대가 출현하면 아래에서 위로 올라가면서 촘촘하게 나 있는 잎들은 모두 줄기를 따라 올라가며 느슨해진다. 꽃이 피고 씨앗이 달리면 잎은 모두 고사한 상태로 남아 있다.

백부자

이 명 노랑돌쩌귀, 노랑바꽃
학 명 *Aconitum coreanum* (H.Lév.) Rapaics
과 명 미나리아재비과
개화기 8~9월

백부자_잎

백부자_꽃 피기 전

백부자_꽃

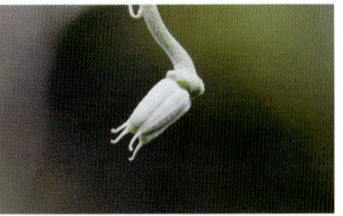
백부자_종자 결실

생육특성

충청북도이북의 산지 숲에서 나는 다년생 초본이다. 생육환경은 반그늘 진 곳의 부엽질이 풍부한 산골짜기, 산기슭의 숲 속 경사진 곳이나 물빠짐이 좋은 풀밭에서 자란다. 키는 약 1m 정도이고, 잎은 길이가 약 10㎝인 긴 잎자루가 위로 갈수록 짧아지며 3~5개로 갈라지고 찢어진 잎은 다시 잘게 갈라져 끝이 뾰족하게 어긋난다. 줄기는 곧게 자라고 뿌리는 마늘쪽 같이 생겨 2~3개가 달린다. 꽃은 줄기와 잎겨드랑이에서 긴 꽃대에 꽃자루가 있는 여러 송이의 꽃이 어긋나게 붙어 밑에서부터 피기 시작하여 끝까지 연한 노란색 또는 노란색 바탕에 자줏빛이 도는 꽃이 피고, 작은 꽃줄기에는 잔털이 많이 나 있다. 꽃받침조각은 5개로 투구 모양을 이루고 2개의 꽃잎은 뒤쪽 꽃받침 속으로 들어간다. 열매는 9~10월경에 길이가 1~2㎝ 크기로 달리고 안에 들어 있는 종자는 길이 약 0.4㎝로 세모진 타원 모양이다.

버드쟁이나물

이 명 버드생이나물, 들쑥부생
학 명 *Kalimeris pinnatifida* (Maxim.) Kitam.
과 명 국화과
개화기 7~8월

버드쟁이나물_꽃 피기 전   버드쟁이나물_꽃

버드쟁이나물_꽃 지는 모습

버드쟁이나물_종자 결실

생육특성

우리나라 중부 이남의 산과 들에서 자라는 다년생 초본이다. 생육환경은 산과 들의 양지바른 풀밭에서 잘 자란다. 키는 30~50㎝가량이고, 잎은 깃 모양으로 가운데서 갈라지며 길이 7~8㎝, 폭 3~4㎝가량이다. 잎 가장자리에는 짧은 털이 나 있으며 윗부분의 잎은 뾰족한 편이다. 위에서 피는 꽃은 흰색 혹은 담자색으로 지름이 2.5㎝가량이다. 열매는 9~10월경에 달리며 길고 둥글게 생겼으며 길이 약 0.1㎝ 정도의 작은 갓털이 나 있다.

벌개미취

이 명 고려쑥부쟁이
학 명 *Aster koraiensis* Nakai
과 명 국화과
개화기 8~9월

벌개미취_새순

벌개미취_꽃 피기 전

벌개미취_꽃 벌개미취_종자 결실

생육특성

경기도 이남의 산이나 들에서 자라는 다년생 초본이다. 생육환경은 햇볕이 잘 들고 물기가 많은 곳에서 자란다. 키는 50~60㎝이고, 잎은 앞으로 길게 뻗어 나며 끝이 뾰족하다. 잎의 길이 12~19㎝, 폭 1.5~3㎝가량이며 잎 가장자리에 작은 톱니 모양이 나 있고 위쪽으로 올라가면서 잎이 작아진다. 상층부의 꽃은 연한 자주색과 연한 보라색이며 줄기나 가지 끝에 1송이씩 핀다. 열매는 11월에 시든 꽃잎을 붙인 채 달리며 길이는 약 0.1㎝, 폭이 0.2㎝ 정도로 타원 모양이고 털이 없다.

병아리풀

이 명 좀영신초, 원지
학 명 *Polygala tatarinowii* Regel
과 명 원지과
개화기 8~9월

병아리풀_새순

병아리풀_꽃

병아리풀_종자 결실

병아리풀_무리

생육특성

경기도 및 강원도 이북지방에서 자라는 1년생 초본이다. 생육환경은 산기슭의 경사진 곳이나 돌 틈의 습도가 높은 곳에서 자란다. 키는 4~15㎝이고, 잎은 길이 1~3㎝로 타원 모양이며 끝이 뾰족하고 어긋난다. 꽃은 연한 자주색이고 한쪽 방향으로 치우쳐 피고 작은 꽃줄기는 길이가 약 0.1㎝ 정도로 아주 작다. 열매는 10월경에 달리고 지름이 0.3㎝ 정도이고 편평한 원 모양이며 종자는 검은색이다.

부추

이 명 정구지, 솔
학 명 *Allium tuberosum* Rottler ex Spreng.
과 명 백합과
개화기 8~9월

부추_잎

부추_꽃봉오리

부추_꽃   부추_종자 결실

생육특성

우리나라 각처에서 재배하는 다년생 초본이다. 생육환경은 물 빠짐이 좋고 토양의 비옥도가 높은 양지 혹은 반그늘에서 자란다. 냄새가 강하고 키는 30~40㎝이고 잎은 뿌리에서 나오며 녹색으로 가는 선 모양이고 길이는 약 30㎝, 폭은 0.3~0.4㎝이다. 꽃은 흰색으로 꽃줄기 상층부에 촘촘히 모여 핀다. 열매는 10월경에 달리고 3갈래로 벌어져 그 안에 검은색 종자가 들어 있다.

분홍바늘꽃

이 명 큰바늘꽃, 버들잎바늘꽃
학 명 *Epilobium angustifolium* L.
과 명 바늘꽃과
개화기 7~8월

분홍바늘꽃_잎과 줄기　　　　　분홍바늘꽃_꽃봉오리

분홍바늘꽃_꽃

분홍바늘꽃_무리

생육특성

강원도 대관령 이북 산록의 개활지에서 자라는 다년생 초본이다. 생육환경은 햇볕이 잘 드는 양지에서 자란다. 키는 약 1.5m 정도이고, 잎은 앞이 뾰족한 피침 모양으로 양끝은 좁고 가장자리에 잔톱니 모양이 나 있다. 잎 뒷면은 분백색으로 맥 위에 구부러진 털이 나 있고 길이는 8~15㎝가량이다. 꽃은 줄기 끝에 뭉쳐서 피고 지름은 2~3㎝가량 된다. 열매는 9~10월경에 달리고 길이는 8~10㎝로 종자에 갓털이 나 있다.

비로용담

이 명 비로봉용담, 비로과남풀
학 명 *Gentiana jamesii* Hemsl.
과 명 용담과
개화기 8~9월

비로용담_새순

비로용담_꽃봉오리

비로용담_꽃

비로용담_꽃(측면)

생육특성

비로용담은 강원도 북부 이북의 높은 산 중턱에서 나는 다년생 초본이다. 생육환경은 햇볕이 잘 들어오는 곳이나 반그늘이면서 토양 유기질 함량이 높고 습도가 높은 곳에서 자란다. 키는 5~12㎝이고, 잎은 줄기에서 생긴 것은 5~10쌍으로 마주나고 가운데 잎은 길이가 0.7~1.5㎝, 폭이 0.3~0.6㎝로 긴 타원모양이며 끝은 둔하고 가장자리는 흰색이다. 줄기는 적자색이 돌고 네모지다. 꽃은 길이가 2.5~3㎝이고 꽃받침통은 길이가 0.6~0.8㎝로 짙은 적자색이며 꽃부리통 부분은 좁고 윗부분에 꽃잎이 5장 달린다. 꽃잎 안쪽에는 작은 섬모들이 나 있으며 가운데는 삼각형 모양을 한 찢어진 잎들이 있고 그 안에 수술과 암술이 있다. 열매는 10월경에 방추 모양으로 달린다. 관상용으로 쓰이며 전초는 약용으로 사용한다.

이 품종은 멸종위기식물로 분류되어 있다.

사마귀풀

이 명 애기닭의밑씻개, 애기달개비
학 명 *Aneilema keisak* (Hassk.) Hand.-Mazz.
과 명 닭의장풀과
개화기 8~9월

사마귀풀_꽃 사마귀풀_종자 결실

생육특성

우리나라 각처의 논과 습도가 높은 곳에서 자라는 1년생 초본이다. 생육환경은 습도가 높고 햇볕이 잘 드는 곳에서 자란다. 키는 10~30㎝이고, 잎은 좁고 날카로우며 전체에 털이 많이 나 있고 길이는 2~6㎝, 폭은 0.4~0.8㎝로 어긋난다. 줄기는 땅에 기듯 이어가며 땅에 닿은 줄기에는 뿌리가 나오며 줄기 전체는 연한 홍자색이다. 꽃은 연한 홍자색으로 줄기의 윗부분이나 잎자루에서 1송이씩 핀다. 열매는 10월경에 달리고 타원 모양으로 각방에 5~6개의 종자가 들어 있으며 길이는 0.8~1㎝이다.

산국

이 명 감국, 개국화, 나는개국화, 들국
학 명 *Dendranthema boreale* (Makino) Ling ex Kitam.
과 명 국화과
개화기 9~10월

산국_잎

산국_꽃봉오리

산국_꽃   산국_종자 결실

생육특성

우리나라 각처의 산지에서 자라는 다년생 초본이다. 생육환경은 부엽질이 많은 토양의 햇볕이 들어오는 반그늘에서 자란다. 키는 1~1.5m이고, 잎은 달걀 모양으로 감국의 잎보다 깊이 갈라지며 날카로운 톱니 모양이 나 있으며 길이는 5~7㎝이다. 꽃은 줄기 끝에서 노란색으로 피고 지름은 약 1.5㎝ 정도이다. 열매는 11~12월경에 달린다.

산박하

이 명 깻잎나물, 깻잎오리방풀, 애잎나울
학 명 *Isodon inflexus* (Thunb.) Kudo
과 명 꿀풀과
개화기 6~8월

산박하_새순   산박하_잎과 줄기

산박하_꽃봉오리   산박하_꽃

생육특성

우리나라 각처의 산지에서 자라는 다년생 초본이다. 생육환경은 햇볕이 잘 들어오며 토양이 비옥한 곳에서 자란다. 키는 약 1m이고, 잎은 달걀 모양이며 톱니 모양이 나 있으며 길이는 3~6㎝, 폭은 2~4㎝이다. 꽃은 하늘색으로 줄기 아래에서 위쪽으로 올라가면서 핀다. 열매는 9~10월경에 달린다.

산비장이

이 명 큰산나물, 산비쟁이
학 명 *Serratula coronata* var. *insularis* (Iljin) Kitam.
과 명 국화과
개화기 8~10월

산비장이_새순

산비장이_꽃봉오리

산비장이_꽃　　　　　　　산비장이_종자 결실

생육특성

　우리나라 각처의 산지에서 자라는 다년생 초본이다. 생육환경은 숲 속의 양지쪽 약간 건조한 땅에서 자란다. 키는 30~140㎝이고, 잎은 6~7쌍의 갈래로 나누어져 있다. 잎의 가장자리에는 불규칙한 톱니 모양이 나 있으며, 잎자루 길이는 11~30㎝ 정도이고 표면은 녹색, 뒷면은 흰색이다. 꽃은 황록색으로 지름은 3~4㎝이고 줄기 끝과 가지 끝에 1송이씩 핀다. 열매는 11월에 갈색으로 된 갓털이 종자 끝에 달린다.

소경불알

이 명 소경불알더덕, 알더덕, 만삼아재비
학 명 *Codonopsis ussuriensis* (Rupr. & Maxim.) Hemsl.
과 명 초롱꽃과
개화기 7~9월

소경불알_잎

소경불알_꽃

소경불알_ 종자 결실　　　　　　　　소경불알_뿌리

생육특성

우리나라 각처의 산에서 나는 다년생 덩굴이다. 생육환경은 반그늘의 비옥한 토양에서 자란다. 키는 1~3m 정도이고, 잎은 길이 2~4.5㎝, 폭 1.2~2.5㎝로 표면은 녹색이며 뒷면에 흰색 털이 많은 분백색이고 타원 모양으로 4개의 잎이 달려 있다. 꽃은 자주색이고 끝이 5개로 갈라져서 약간 뒤로 말리고 길이는 2~2.5㎝로 짧은 가지 끝에서 핀다. 얼핏 보기에 더덕꽃과 유사하지만 뿌리가 매우 다르다. 열매는 10~11월경에 원추 모양으로 달린다.

솔체꽃

이 명 체꽃
학 명 *Scabiosa tschiliensis* Gruning
과 명 산토끼꽃과
개화기 8~9월

솔체꽃_잎과 줄기　　　　　　솔체꽃_꽃봉오리

솔체꽃_꽃

솔체꽃_종자 결실

생육특성

중북부 이북의 깊은 산에서 자라는 2년생 초본이다. 생육환경은 습도가 높은 반그늘과 산기슭 경사지 혹은 풀숲에서 자란다. 키는 50~90㎝이고, 중앙에 있는 잎은 길이가 9㎝, 폭은 3㎝이고 뿌리에서 나온 잎은 꽃이 필 때 없어진다. 꽃은 하늘색으로 가지와 줄기 끝에 뭉쳐서 핀다. 열매는 10~11월경에 달리고 꽃자루에 붙어 있으며 갈색으로 변해 바람이 불면 바로 떨어진다.

쇠비름

이 명 돼지풀
학 명 *Portulaca oleracea* L.
과 명 쇠비름과
개화기 6~9월

쇠비름_새잎

쇠비름_꽃봉오리

쇠비름_종자 결실   쇠비름_무리

생육특성

전국의 낮은 산과 들에서 자라는 1년생 초본이다. 생육환경은 양지 혹은 반그늘의 언덕이나 편평한 곳에서 자란다. 키는 약 30㎝이고, 잎은 길이 1.5~2.5㎝, 폭은 0.5~1.5㎝로 긴 타원 모양이고 끝이 둥글며 마주나거나 어긋난다. 꽃은 노란색으로 6월부터 가을까지 계속 피는데 줄기나 가지 끝 혹은 잎에서 3~5송이씩 모여서 핀다. 열매는 타원 모양이고, 종자는 검은빛이 도는 공 모양이며 긴 대에 많은 종자가 들어 있다.

쇠서나물

이 명 모련채, 참모련채, 조선모련채, 털쇠서나물
학 명 *Picris hieracioides* var. *koreana* Kitam.
과 명 국화과
개화기 6~9월

쇠서나물_잎

쇠서나물_꽃 피기 전

쇠서나물_꽃　　　　　　　　　쇠서나물_종자 결실

생육특성

우리나라 전역에 분포하는 2년생 초본이다. 생육환경은 반그늘 혹은 양지에서 자란다. 키는 약 90㎝ 정도이고, 뿌리에서 나온 잎은 꽃이 필 때 없어지고 줄기에서 나온 잎은 길이 8~22㎝, 폭은 1~4㎝로 가는 선 모양이고 끝은 뾰족하다. 꽃은 노란색이며 꽃줄기 길이는 1.2~5㎝이고 제일 위에서 피는 꽃의 지름은 2~2.5㎝로 줄기와 가지 끝에서 핀다. 열매는 9월에 홍갈색으로 달리고 종자에 붙어 있는 갓털은 어두운 흰색 또는 담갈색으로 길이 0.6~0.7㎝이다.

수리취

이 명 개취, 조선수리취, 다후리아수리취
학 명 *Synurus deltoides* (Aiton) Nakai
과 명 국화과
개화기 9~10월

수리취_새순

수리취_꽃봉오리

수리취_꽃 　　　　　　　　　수리취_종자 결실

생육특성

우리나라 전역의 높은 산에서 자라는 다년생 초본이다. 생육 환경은 양지 혹은 반그늘의 물 빠짐이 좋고 토양 비옥도가 높은 곳에서 자란다. 키는 40~100㎝이고, 잎은 길이가 10~20㎝로 표면에 꼬불꼬불한 털이 나 있으며 뒷면에는 흰색 털이 촘촘히 나 있고 끝에는 톱니 모양이 나 있으며 긴 타원 모양이고 끝이 뾰족하다. 꽃은 갈자색 또는 흑록색이며 길이는 3㎝, 지름은 4.5~5.5㎝로 꽃 주변에는 거미줄과 같은 흰색 선이 감싸고 있다. 열매는 11월경에 갈색으로 달리고 1.8㎝ 정도 되는 갓털이 나 있다.

시호

이 명 큰일시호
학 명 *Bupleurum falcatum* L.
과 명 산형과
개화기 8~9월

시호_새순

시호_잎과 줄기

시호_꽃봉오리   시호_꽃

생육특성

우리나라 각처의 산지에서 자라는 다년생 초본이다. 생육환경은 물 빠짐이 좋은 반그늘 혹은 양지에서 자란다. 키는 40~70㎝이고, 뿌리에서 나온 잎은 길이가 10~30㎝이고, 줄기에서 나온 잎은 길이 4~10㎝, 폭은 0.5~1.5㎝로 뾰족하다. 꽃은 노란색이고 원줄기 끝과 가지 끝에 피는데 가운데 꽃줄기가 가장 길고 끝으로 가면서 꽃줄기가 짧아지는 형태이다. 열매는 9~10월경에 달리고 타원 모양이고 납작하다.

쓴풀

이 명 참쓴풀, 당약
학 명 *Swertia japonica* (Schult.) Griseb.
과 명 용담과
개화기 9~10월

쓴풀_잎과 줄기

쓴풀_꽃봉오리

쓴풀_꽃   쓴풀_종자 결실

생육특성

전국의 산과 들에서 자생하는 1년생 초본이다. 생육환경은 과습하지 않은 양지나 반그늘의 풀숲에서 자란다. 키는 5~20㎝이고, 줄기는 곧게 선다. 잎은 가는 선 모양이며, 길이는 2~4㎝, 폭은 좁은 편으로 약 0.1㎝ 정도이다. 꽃은 흰색이며 크기는 1㎝내외이다. 줄기에 잔털이 없으며, 아래에서 위쪽으로 모든 가지에 꽃이 피며 상단부에 3~5송이가량의 꽃이 뭉쳐서 핀다. 열매는 10~11월에 달린다.

유사종으로는 '개쓴풀'과 '자주쓴풀'이 있고 고산지역에서 나는 '네귀쓴풀'도 동일한 종류에 속한다.

애기앉은부채

이 명 작은삿부채
학 명 *Symplocarpus nipponicus* Makino
과 명 천남성과
개화기 8월

애기앉은부채_잎   애기앉은부채_꽃(노란색)

애기앉은부채_꽃

애기앉은부채_줄기와 뿌리

생육특성

경기도, 강원도 이북의 높은 지대에서 자라는 다년생 초본이다. 생육환경은 반그늘의 물 빠짐이 좋고 비옥한 토양에서 자란다. 키는 10~20㎝이고, 잎은 길이 10~20㎝, 폭은 7~12㎝로 뿌리에서 나온다. 잎은 이른 봄에 크게 자랐다가 6월경이면 없어져 휴면에 들어간다. 꽃은 검붉은색으로 둘러싸고 있는 잎 안에서 핀다. 열매는 이듬해 꽃이 필 무렵 달린다.

억새

이 명 자주억새
학 명 Miscanthus sinensis var. purpurascens (Andersson) Rendle
과 명 벼과
개화기 9월

억새_전초   억새_꽃 피기 전

억새_꽃 핀 모습   억새_종자 결실

생육특성

  전국의 산과 들에서 자라는 다년생 초본이다. 생육환경은 산 정상과 들판의 양지에서 자란다. 키는 1~2m이고, 잎은 길이 약 1m, 폭은 1~2㎝로 표면은 녹색이며 끝에는 잔톱니 모양이 나 있으며 딱딱하다. 꽃은 회갈색으로 길이는 20~30㎝로 이삭처럼 핀다.

연보라과남풀

학 명 Gentiana scabra f. stenophylla (H.Hara) W.K.Paik & W.T.Lee
과 명 용담과
개화기 9~10월

연보라과남풀_잎과 줄기　　　　연보라과남풀_꽃봉오리

연보라과남풀_꽃 피기 전   연보라과남풀_꽃

생육특성

수원 인근의 습지에서 자라는 다년생 초본이다. 생육환경은 습도가 높은 습지 혹은 계곡 주변의 햇볕이 잘 들지 않는 곳에서 자란다. 키는 50~80㎝이고, 잎은 끝이 뾰족하고 길며 길이는 6~7㎝, 폭은 0.5㎝가량 되고 마주난다. 꽃은 보라색으로 줄기 끝이나 잎자루에서 피며 꽃받침통은 약 1㎝, 꽃 길이는 약 3.5㎝ 정도이다. 열매는 10~11월경에 달리고 안에는 먼지와 같은 작은 종자들이 많이 들어 있다.

일반 용담과 구분이 되는 점은 첫째, 습지에서 자란다는 것이며 두 번째로는 잎이 길며 날카롭고 줄기가 두껍고 나뭇가지 같다는 것이다.

염주황기

이 명 명천황기
학 명 *Astragalus membranaceus* var. *mandshuricus* Nakai
과 명 콩과
개화기 7~8월

염주황기_잎

염주황기_꽃

염주황기_시드는 모습

염주황기_무리

생육특성

우리나라 고산지역에서 나는 다년생 초본이다. 생육환경은 햇볕이 잘 들어오는 곳이나 경사진 곳의 물 빠짐이 좋고 비옥한 토양에서 자란다. 키는 약 30㎝ 정도이고, 잎은 5~9쌍의 작은 잎으로 구성된 겹잎으로 어긋나고 작은 잎의 길이는 0.7~2㎝ 정도이다. 꽃은 노란색으로 줄기 끝에서 피고 꽃받침은 통 모양같이 생겼다. 또한 나비 모양 꽃부리의 한가운데 있는 큰 꽃잎은 숟가락 모양이고 새의 날개 모양을 한 좌, 우측에 있는 꽃잎보다 길다. 열매는 9~10월경에 원주 모양으로 달리는데 염주 모양으로 잘록하게 들어가 있으며 길이는 1~2㎝ 정도이다. 뿌리는 약용으로 사용하고 어린 순은 나물로 먹는다.

오이풀

이 명 지우초, 수박풀, 외순나물, 지우
학 명 *Sanguisorba officinalis* L.
과 명 장미과
개화기 7~9월

오이풀_새순 　　　　　　　　　오이풀_잎

오이풀_꽃

오이풀_시드는 모습

생육특성

　우리나라 각처의 산지에서 자라는 다년생 초본이다. 생육환경은 반그늘 혹은 양지의 물 빠짐이 좋은 풀숲에서 자란다. 키는 30~150㎝이고, 잎은 길이 2.5~5㎝, 폭이 1~2.5㎝로 삼각형의 톱니 모양이 나 있고 타원 모양이다. 꽃은 빨간색이고 길이는 1~2.5㎝, 지름이 0.6~0.8㎝로 곧게 서고 1송이의 긴 꽃대 주위로 꽃자루가 없는 것들이 많이 핀다. 열매는 10~11월경에 달리고 사각형이다.

옹굿나물

이 명 옹굿나물
학 명 *Aster fastigiatus* Fisch.
과 명 국화과
개화기 8~10월

옹굿나물_새순   옹굿나물_잎과 줄기

옹굿나물_꽃봉오리

옹굿나물_꽃

생육특성

우리나라 각처의 황무지나 냇가에 나는 다년생 초본이다. 생육환경은 척박하거나 약한 부엽질이 있으면서 햇볕이 잘 들어오며 물빠짐이 좋은 토양에서 자란다. 키는 30~100㎝이고, 잎은 처음 나온 잎의 길이가 5~12㎝, 폭은 0.4~1.5㎝로 뾰족하고 양끝이 좁으며 뒷면은 흰빛이 돌고 가장자리에 톱니 모양이 나 있으며, 줄기에서 자란 잎은 뾰족하며 위로 올라가면서 작아진다. 줄기는 곧추서고 세로로 능선이 있으며 윗부분의 가지는 옆으로 퍼지고 털이 많다. 꽃은 흰색이며 원줄기 끝에서 펼쳐지면서 지름 약 0.8㎝ 정도의 길이로 핀다. 꽃줄기는 0.3~0.8㎝이며 꽃대의 끝에서 꽃의 밑동을 싸고 있는 비늘 모양의 조각은 길이 약 0.4㎝, 폭은 약 0.5㎝로 통 모양이고, 혀 모양 꽃의 꽃부리 길이는 약 0.6㎝, 폭은 약 0.1㎝이다. 열매는 10~11월에 길이 약 0.1㎝, 폭은 약 0.1㎝인 긴 타원 모양이며 잔털이 나 있고 관모는 길이가 약 0.4㎝로 어두운 흰색 혹은 연한 붉은색을 띤다.

용담

이 명 초룡담, 섬용담, 과남풀, 초용담, 룡담
학 명 *Gentiana scabra* Bunge
과 명 용담과
개화기 8~10월

용담_잎과 줄기

용담_꽃봉오리

용담_꽃(키메라 현상)

용담_종자 결실

생육특성

전국의 산과 들에서 자라는 여러해살이 다년생 초본이다. 생육환경은 풀숲이나 양지에서 자란다. 키는 20~60㎝이고, 잎은 표면이 녹색이고 뒷면은 회백색을 띤 연록색이며 길이 4~8㎝, 폭 1~3㎝로 마주나고 잎자루가 없이 뾰족하다. 꽃은 자주색이며 꽃자루가 없고 길이는 4.5~6㎝로 윗부분의 잎겨드랑이와 끝에 핀다. 열매는 10~11월에 달리며 시든 꽃부리와 꽃받침에 달리고 씨방에는 작은 종자들이 많이 들어 있다.

꽃이 많이 달리면 옆으로 처지는 경향이 많고 바람에도 약해 쉽게 쓰러진다. 하지만 쓰러진 잎과 잎 사이에서 꽃이 많이 피기 때문에 줄기가 상했다고 해서 끊어내서는 안 된다.

이고들빼기

이 명 고들빼기, 고들빽이, 강화고들빼기, 깃고들빼기, 꽃고들빼기
학 명 *Crepidiastrum denticulatum* (Houtt.) Pak & Kawano
과 명 국화과
개화기 8~9월

이고들빼기_잎

이고들빼기_꽃봉오리

이고들빼기_꽃   이고들빼기_무리

생육특성

전국 각지의 산과 들에서 자라는 1~2년생 초본이다. 생육환경은 반그늘 혹은 양지에서 자란다. 키는 30~70㎝이고, 잎은 길이 6~11㎝, 폭 3~7㎝로 어긋나고 끝이 둔하며 불규칙한 톱니 모양이 나 있다. 꽃은 노란색이고 가지 끝과 원줄기 끝에 펼쳐지듯 피고 꽃이 필 때 꽃줄기가 곧게 서지만 핀 다음에는 처진다. 열매는 10~11월경에 달리고 길이는 0.3~0.4㎝로 갈색 또는 검은색이다. 갓털은 흰색으로 길이는 0.3㎝ 정도이다.

이삭귀개

이 명 이삭귀이개, 수원땅귀이개, 수원땅귀개
학 명 *Utricularia racemosa* Wall.
과 명 통발과
개화기 8~9월

이삭귀개_꽃봉오리와 꽃

이삭귀개_꽃

생육특성

우리나라 각처의 습한 곳에서 자라는 다년생 식충식물이다. 생육환경은 습도가 높고 물이 얕게 고인 곳에서 자란다. 키는 10~30㎝이고, 잎은 길이가 0.2~0.3㎝로 녹색이고 땅속에 있는 뿌리부분에 붙어 있다. 꽃은 자주색이며 줄기를 따라 4~10송이가 드문드문 핀다. 열매는 10~11월경에 달리고 지름이 0.2~0.3㎝로 둥글다.

이삭여뀌

학 명 *Persicaria filiformis* (Thunb.) Nakai ex Mori
과 명 마디풀과
개화기 7~8월

이삭여뀌_잎 이삭여뀌_꽃

이삭여뀌_시든 모습   이삭여뀌_종자 결실

생육특성

우리나라 각처의 산지에서 자라는 다년생 초본이다. 생육환경은 반그늘이고 습도가 높은 풀숲에서 자란다. 키는 50~80㎝이고, 잎은 달걀 모양이며 길이는 7~15㎝, 폭이 4~9㎝로 끝이 뾰족하고 밑부분이 좁으며 잎자루는 길이가 0.5~3㎝로 짧다. 가장자리는 밋밋하며 양면에 털이 나 있고 표면에는 검은색 반점이 있다. 꽃은 빨간색이며 길이 20~40㎝로 원줄기 끝과 윗부분에서 드문드문 핀다. 열매는 9~10월경에 달리고 길이는 0.2㎝ 정도이고 암갈색이다.

자주땅귀개

이 명 자주땅귀이개
학 명 *Utricularia yakusimensis* Masam.
과 명 통발과
개화기 8~10월

자주땅귀개_꽃

자주땅귀개_꽃(뒷면)

생육특성

 남부지방의 습도가 높은 곳에서 나는 1년생 초본이다. 생육환경은 습도가 높은 곳이나 물이 약하게 고인 곳의 햇볕이 잘 들어오는 곳에서 자란다. 키는 약 8㎝ 내외이고, 잎은 밑에서부터 올라오며 긴 달걀 모양이다. 꽃은 연분홍색으로 줄기 끝에서 피며 꽃부리는 약 0.3㎝ 정도인데 끝이 입술 모양이다. 아래 꽃잎은 달걀 모양이며 뾰족하고 긴 꼬리 같은 것이 아래로 향하고 윗부분의 꽃잎보다 길다. 열매는 10~11월경에 달린다. 관상용으로 쓰이며 '귀이개'란 단어는 꽃이 지고 난 후 씨방 부분이 마치 귀를 청소하는 도구와 유사해서 붙인 이름인 듯하다.

 이 품종이 서식하고 있는 곳은 해마다 면적이 줄고 있다. 이유는 습지가 점점 사라져가기 때문이다. 또한 키가 워낙 작아서 습지를 지나는 사람들에 의해서도 훼손되는 경우가 많다. 우리나라에서는 멸종위기식물 2급으로 분류하여 보호하고 있는 품종이기도 하다.

자주쓴풀

이 명 털쓴풀
학 명 *Swertia pseudochinensis* H. Hara
과 명 용담과
개화기 9~10월

자주쓴풀_새순

자주쓴풀_꽃봉오리

자주쓴풀_꽃

자주쓴풀_종자 결실

생육특성

우리나라 각처의 산과 들에서 자라는 2년생 초본이다. 생육환경은 양지 혹은 반그늘의 풀숲에서 자란다. 키는 15~30㎝이고, 잎은 길이 2~4㎝, 폭은 0.3~0.8㎝로 마주나며 양끝이 뾰족하다. 꽃은 자주색으로 꽃잎 길이가 1~1.5㎝로 짙은 색의 잎맥이 있고 밑부분은 가는 털이 많이 나 있으며 원줄기 윗부분에서 피고 전체가 원추 모양이며 위에서부터 핀다. 열매는 11월경에 달리고 뾰족하며 종자는 둥글다.

잔대

이 명 갯딱주
학 명 Adenophora triphylla var. japonica (Regel) H. Hara
과 명 초롱꽃과
개화기 7~9월

잔대_새순

잔대_꽃봉오리

잔대_꽃 잔대_종자 결실

생육특성

우리나라 각처의 산에서 자라는 다년생 초본이다. 생육환경은 물 빠짐이 좋은 반그늘 혹은 양지에서 자란다. 키는 50~100㎝이고, 잎은 달걀 모양으로 양끝에는 날카로운 톱니 모양이 나 있다. 꽃은 보라색으로 길이는 1.5~2㎝이고 종 모양으로 생겼고 줄기 끝에서 핀다. 열매는 10월경에 달리고 갈색으로 된 씨방에는 먼지와 같은 작은 종자들이 많이 들어 있다.

절굿대

이 명 절구대, 절구때, 개수리취, 둥둥방망이, 분취아재비
학 명 *Echinops setifer* Iljin
과 명 국화과
개화기 7~8월

절굿대_새순   절굿대_꽃봉오리

절굿대_꽃 피는 모습   절굿대_종자 결실

생육특성

전국의 산지에서 자라는 다년생 초본이다. 생육환경은 물 빠짐이 좋은 경사지의 반그늘 혹은 양지에서 자란다. 키는 약 1m 정도이고, 잎은 엉겅퀴 잎처럼 어긋나고 길이가 0.3㎝ 정도의 가시가 달린 뾰족한 톱니 모양이 나 있다. 표면은 녹색, 뒷면은 흰색의 솜털로 덮여 있는데 수분이 적고 건조하면 검은색으로 변한다. 꽃은 지름 5㎝ 정도의 남자색으로 원줄기 끝과 가지 끝에 여러 송이가 핀다. 열매는 9~10월에 달리고 황갈색 털이 촘촘히 나 있는 원통 모양으로 갓털은 가시처럼 변하며 밑부분은 뾰족하고 도드라진다.

제주소황금

학 명 *Scutellaria baicalensis* Georgi
과 명 꿀풀과
개화기 8~10월

제주소황금_잎과 줄기   제주소황금_꽃

생육특성

제주소황금은 제주도 일부 지역의 풀숲에서 나는 다년생 초본이다. 생육환경은 물 빠짐이 좋고 토양 유기질 함량이 높으며 햇볕이 잘 들어오는 곳에서 자란다. 키는 약 50㎝ 내외이고, 잎은 양끝이 좁고 뾰족하며 마주나고 줄기 아래의 잎은 길이가 약 4.5㎝, 폭이 약 0.8㎝이고 줄기를 따라 올라갈수록 작아지며 마주난다. 원줄기는 네모지며 가지가 많이 갈라지고 곧게 서거나 비스듬히 올라간다. 꽃은 원줄기 끝과 잎겨드랑이에서 자색으로 피며 꽃받침은 종 모양이고 2개로 갈라지는데 뒤쪽에 돌기가 있고 꽃이 진 다음 젖혀진다. 꽃통은 길이가 약 2.5㎝ 정도로 밑부분이 굽고 윗부분이 2개로 갈라지는데 뒤는 투구 모양이고 겉에는 잔털이 나 있다. 열매는 10~11월경에 둥글게 달리고 뿌리는 약용으로 사용한다.

이 품종은 최근에 발견되어 보고된 품종으로 지역적인 특성을 가진 것인지에 대해서는 명확하지 않다. 단지 차이점이라면 재배되고 있는 '황금'의 꽃잎 앞쪽이 흰색인 것에 비해 '제주소황금'은 그렇지 않다는 것이 뚜렷한 차이점이라고 하겠다. 그 외에 재배되는 품종과는 큰 차이가 없다. 현재 식물학자들에 의해 이 품종에 대한 조사가 이루어지고 있으며 자생지가 예전에 비해 많이 훼손된 것으로 보고된다.

조밥나물

이 명 조팝나물, 버들나물
학 명 *Hieracium umbellatum* L.
과 명 국화과
개화기 7~10월

조밥나물_새순

조밥나물_꽃

조밥나물_꽃 지는 모습   조밥나물_종자 결실

생육특성

우리나라 각처의 산과 들에서 자라는 다년생 초본이다. 생육환경은 반그늘 혹은 양지에서 자란다. 키는 30~100㎝이고, 잎은 길이가 4~12㎝, 폭이 0.5~1.2㎝로 피침 모양이며 약간 두껍고 거칠고 가장자리에 뾰족한 톱니 모양이 나 있다. 꽃은 노란색이며 길이가 1~1.8㎝이고 가지 끝에 펼쳐지듯 피고 꽃줄기는 길이 0.2~0.5㎝로 짧은 털이 나 있다. 열매는 10~11월경에 달리는데 검은색이며 길이가 0.2~0.3㎝이고, 길이 0.7㎝ 정도의 갈색 갓털이 나 있다.

좀딱취

이 명 좀땅취, 털괴발딱취, 털괴발딱지
학 명 *Ainsliaea apiculata* Sch. Bip.
과 명 국화과
개화기 8~10월

좀딱취_수꽃

좀딱취_암꽃

생육특성

우리나라 남부 해안과 섬의 건조한 숲에서 나는 상록성 다년생 초본이다. 생육환경은 반그늘 진 곳의 척박한 땅이나 부엽층이 있는 토양이고 물빠짐이 좋아야 한다. 키는 8~30㎝이고, 잎은 길이와 폭이 각각 1~3㎝로 심장형이고 5개로 얕게 갈라지며 양면에 긴 털이 나 있고 원줄기 밑에 빽빽이 나 있다. 줄기는 가지가 갈라지고 털이 다소 많고 뿌리는 옆으로 자라며 마디가 있다. 꽃은 흰색이며 줄기를 중심으로 원줄기와 가지 끝 아래에서부터 위로 올라가며 핀다. 꽃줄기에는 포가 달리는데 포조각은 5줄로 나눠지며 작은 꽃은 흔히 닫힌 꽃이 된다. 열매는 9~11월에 길이 약 0.7㎝의 갈색 관모가 붙는데 짧은 털이 나 있고 편평하다.

이 품종은 다른 꽃들과는 달리 닫힌 꽃, 즉 폐쇄화가 많은 것이 특징이다. 많은 개체들이 꽃이 피지 않고 닫힌 꽃이 되는 경우가 많고 이 닫힌 꽃은 바로 종자가 된다. 왜 이런 현상이 일어나는지 아직 정확히 규명되지 않는다. 자생지에서의 이런 꽃 닫힘 현상은 전체의 약 70~80% 정도를 차지한다.

쥐꼬리망초

이 명 무릎꼬리풀, 쥐꼬리망풀
학 명 *Justicia procumbens* L.
과 명 쥐꼬리망초과
개화기 7~9월

쥐꼬리망초_새순

쥐꼬리망초_잎과 줄기

쥐꼬리망초_꽃봉오리　　　　　　　흰쥐꼬리망초_꽃

생육특성

경기도 이남의 산과 들에서 자라는 1년생 초본이다. 생육환경은 양지나 반그늘의 풀숲에서 자란다. 키는 약 30㎝이고, 잎은 길이가 2~4㎝, 폭은 1~2㎝로 가장자리에 가느다란 톱니 모양이 나 있고 긴 타원 모양이다. 꽃은 연한 자홍색이며 길이가 2~5㎝로 원줄기나 가지 끝에서 핀다. 종자는 9~10월경에 달리고 잔주름이 있다. 간혹 흰색으로 된 흰쥐꼬리망초(*Justicia procumbens* L. for. *albiflora* Y. Lee for. nov.)가 있다.

쥐손이풀

이 명 손잎풀
학 명 *Geranium sibiricum* L.
과 명 쥐손이풀과
개화기 6~8월

쥐손이풀_잎

쥐손이풀_꽃봉오리

쥐손이풀_꽃   쥐손이풀_종자 결실

생육특성

우리나라 전역의 산과 들에서 자라는 다년생 초본이다. 생육환경은 반그늘 혹은 양지의 풀숲에서 자란다. 키는 30~80㎝이고, 잎몸은 길이가 3~6㎝, 폭이 4~8㎝로 손바닥처럼 생겼고 표면에는 털이 나 있고 뒷면에는 퍼진 털이 나 있다. 꽃은 연한 홍색 또는 홍자색이며 1송이씩 피고 꽃줄기는 줄기나 가지 윗부분의 잎겨드랑이에서 나온다. 열매는 8~9월에 달리고 5조각이 밑에서 위쪽을 올려보며 벌어진다.

참취

이 명 나물취, 암취, 취, 한라참취, 작은참취
학 명 *Aster scaber* Thunb.
과 명 국화과
개화기 8~10월

참취_잎

참취_꽃봉오리

참취_꽃   참취_종자 결실

생육특성

우리나라 각처의 산에서 자라는 다년생 초본이다. 생육환경은 반그늘이고 습도가 높으며 토양이 비옥한 곳에서 자란다. 키는 약 1~1.5m이고, 잎은 잎자루가 길고 심장형이며 길이는 9~24㎝, 폭은 6~18㎝로 거칠고 양면에 털이 나 있고 뿌리에서 나온 잎은 꽃이 필 때쯤 없어진다. 꽃은 흰색이고 지름은 1.8~2.4㎝로 가지 끝과 원줄기 끝에 거의 편평하게 펼친 듯 피며 꽃줄기의 길이는 0.9~3㎝이다. 열매는 11월경에 달리고 종자 끝에 달린 갓털은 검은색을 띤 흰색으로 길이는 약 0.4㎝ 정도이다.

천궁

이 명 궁궁이, 참천궁
학 명 *Cnidium officinale* Makino
과 명 산형과
개화기 8~9월

천궁_잎 천궁_꽃

생육특성

중국이 원산지이며 각처에서 약용식물로 재배하는 다년생 초본이다. 생육환경은 물 빠짐이 좋은 반그늘 또는 양지의 토양이 비옥한 곳에서 자란다. 키는 30~60㎝이고, 줄기에서 나온 잎은 위로 올라가면서 작아지고 뾰족하다. 꽃은 흰색으로 윗부분에서 촘촘히 피고 줄기 끝이나 가지 끝에서 핀다. 열매는 달리지 않는다.

층층잔대

학 명 Adenophora verticillata Fisch.
과 명 초롱꽃과
개화기 7~9월

층층잔대_잎   층층잔대_꽃봉오리

층층잔대_꽃   층층잔대_종자 결실

생육특성

우리나라 각처의 산지에서 자라는 다년생 초본이다. 생육환경은 물 빠짐이 좋은 반그늘 혹은 양지에서 자란다. 키는 약 1m이고, 잎은 줄기를 따라 돌아 올라가며 끝에는 거친 톱니 모양이 나 있고 긴 타원 모양이다. 꽃은 연보라색이며 가지를 중심으로 층층이 돌면서 종 모양으로 핀다. 열매는 10~11월경에 달리고 안에는 작은 종자들이 많이 들어 있다.

키큰산국

이 명 어리국화, 키다리국화, 키큰국화
학 명 *Leucanthemella linearis* (Matsum.) Tzvelev
과 명 국화과
개화기 9~11월

키큰산국_새순    키큰산국_잎

키큰산국_꽃 피기 전   키큰산국_꽃

생육특성

백두산 및 중부 이북의 고산지대 습지에서 자라는 다년생 초본이다. 생육환경은 햇볕을 많이 받는 습지의 가장자리 또는 물이 깊지 않은 곳에서 자란다. 키는 80~120㎝이고, 줄기에는 잔털이 많이 나 있으며, 잎은 길이가 4.5~9㎝, 폭이 2~3㎝로 표면은 거칠어 까실하고 잎 끝은 3장으로 갈라지며 뒤로 말리며 뒷면에는 작은 점이 있다. 꽃은 흰색이며 지름은 3~6㎝이고 수술과 암술은 노란색을 띠고 폭은 약 1.5~2㎝ 정도이다. 위에서 피는 꽃이 가장 크며 곁가지에서도 많은 꽃들이 핀다. 열매는 11월경에 달린다.

현재 경상남도 양산의 습지와 지리산 일대의 습지에서 대규모 군락을 형성하고 있으며 멀리서 보면 구절초의 꽃과 동일하기 때문에 쉽게 구절초라고 단정하기 쉬운 품종이다. 고산지역 습지가 점점 사라져가기 때문에 머지않아 주변에서 사라지는 품종이 되지 않을까 우려되는 식물 중의 하나이다.

큰엉겅퀴

이 명 장수엉겅퀴
학 명 *Cirsium pendulum* Fisch. ex DC.
과 명 국화과
개화기 7~10월

큰엉겅퀴_잎과 줄기   큰엉겅퀴_꽃봉오리

큰엉겅퀴_꽃   큰엉겅퀴_종자 결실

생육특성

우리나라 중부 이북의 주로 낮은 지대에서 자라는 다년생 초본이다. 생육환경은 반그늘 혹은 양지의 풀숲에서 자란다. 키는 1~2m이고, 잎은 길이 40~50㎝, 폭은 20㎝로 양면에 털이 나 있고 뿌리에서 올라온 잎은 꽃이 필 때 없어지며 중앙에 있는 잎은 끝이 꼬리처럼 뾰족하고 길이는 15~25㎝이다. 꽃은 자주색이고 아래를 향해서 피고 길이는 1.2~2.2㎝이며 지름은 3~4㎝로 가지 끝과 원줄기 끝에서 핀다. 열매는 10~11월경에 달리고 흰색 갓털이 나 있다.

큰제비고깔

이 명 산제비고깔
학 명 *Delphinium maackianum* Regel
과 명 미나리아재비과
개화기 7~9월

큰제비고깔_잎

큰제비고깔_꽃봉오리

큰제비고깔_꽃 　　　　　　　　　큰제비고깔_종자 결실

생육특성

경기도 이북에서 자라는 다년생 초본이다. 생육환경은 반그늘 혹은 양지의 토양 비옥도가 높고 물 빠짐이 좋은 곳에 자란다. 키는 약 1m 정도이고, 잎은 단풍잎처럼 3~7개로 갈라지며 가장자리에 불규칙한 톱니 모양이 나 있다. 꽃은 짙은 자주색이고 원줄기 끝에서 여러 송이가 아래에서부터 위로 올라오면서 핀다. 열매는 10~11월경에 달리고 길이는 약 1.5㎝로 긴 타원 모양이다.

털머위

이 명 갯머위, 말곰취, 넓은잎말곰취
학 명 *Farfugium japonicum* (L.) Kitam.
과 명 국화과
개화기 9~10월

털머위_새순   털머위_잎

털머위_종자 결실 털머위_전초

생육특성

우리나라 남부와 제주도 울릉도 해안에서 나는 상록 다년생 초본이다. 생육환경은 양지 혹은 반그늘의 따뜻하고 물 빠짐이 좋은 곳에 자란다. 키는 30~50㎝이고, 잎은 길이가 4~15㎝, 폭이 6~30㎝로 두껍고 광택이 많이 난다. 꽃은 노란색으로 길이가 30~75㎝로 얇은 막이 있으며 가지 끝에 지름 4~6㎝ 정도의 꽃이 1송이씩 피어 전체적으로 큰 무리를 이룬다. 열매는 11~12월경에 달리고 길이는 0.8~1.1㎝로 흑갈색이며 갓털이 나 있다.

털진득찰

학 명 *Sigesbeckia pubescens* (Makino) Makino
과 명 국화과
개화기 8~9월

털진득찰_잎   털진득찰_줄기

털진득찰_꽃봉오리   털진득찰_꽃

생육특성

우리나라 전역에 분포하는 1년생 초본이다. 생육환경은 반그늘 혹은 양지의 풀숲에서 자란다. 키는 약 1m이고, 잎은 길이 7.5~19㎝, 폭은 6.5~18㎝로 양면, 특히 뒷면 잎맥 위에 털이 촘촘히 나 있으며 가장자리에 불규칙한 톱니 모양이 나 있고 끝이 뾰족하며 삼각형이다. 꽃은 노란색이고 가지 끝과 원줄기 끝에서 피는데 꽃을 감싸고 있는 꽃받침에는 끈적이는 것들이 많다. 열매는 10~11월경 검은색 씨방안에 많이 들어 있다. 유사종으로는 진득찰(*Sigesbeckia glabrescens* Makino)이 있다.

투구꽃

이 명 선투구꽃, 개싹눈바꽃, 진돌쩌귀, 싹눈바꽃, 세잎돌쩌귀, 그늘돌쩌귀
학 명 *Aconitum jaluense* Kom.
과 명 미나리아재비과
개화기 8~9월

투구꽃_새순

투구꽃_잎

투구꽃_꽃(측면)

투구꽃_종자 결실

생육특성

우리나라 각처의 산에서 자라는 다년생 초본이다. 생육환경은 반그늘 혹은 양지의 물 빠짐이 좋은 곳에서 자란다. 키는 약 1m 정도이고, 잎은 잎자루 끝에서 손바닥을 편 모양으로 3~5갈래로 깊이 갈라지고 어긋난다.

꽃은 자주색 혹은 흰색으로 모양은 고깔이나 투구와 같으며 줄기에 여러 송이의 꽃이 어긋나고 아래에서 위로 올라가면서 핀다. 열매는 10~11월에 달리고 타원 모양이며 뾰족한 암술대가 남아 있다.

한라구절초

학 명 *Dendranthema coreanum* (H.Lev. & Vaniot) Vorosch.
과 명 국화과
개화기 9~10월

한라구절초_새순

한라구절초_잎과 줄기

한라구절초_꽃

한라구절초_무리

생육특성

제주도 한라산 해발 1,300m 이상에서 나는 다년생 초본이다. 생육환경은 햇볕이 잘 들어오는 곳이나 반그늘인 곳의 토양이 비옥한 곳에서 자란다. 키는 15~20㎝ 정도로, 잎은 가늘게 깃 모양으로 갈라지고 어긋나며 두툼하다. 꽃은 지름이 약 5㎝ 정도이고 흰색 또는 분홍색으로 원줄기 꼭대기에서 피며, 열매는 10~11월경에 달린다.

육지에서 피는 구절초와 달리 잎이 가늘고 키가 작기 때문에 쉽게 구분할 수 있다. 또한 일반적으로 보는 구절초의 경우는 잎이 줄기에 달리면서 줄기가 위로 올라가지만 이 품종의 경우는 잎이 땅에 거의 붙어 있고 위로 올라와 꽃이 잎을 덮은 것과 같은 모습을 하고 있다. 전초는 약용으로 사용하고 꽃은 차로 이용한다.

한라산에서만 자라며 우리나라 특산종이자 멸종위기식물로 분류되어 있다.

한라돌쩌귀

이 명 섬투구꽃, 한라돌쩌기, 한라바꽃
학 명 *Aconitum japonicum* subsp. *napiforme* (H.Lev. & Vaniot) Kadota
과 명 미나리아재비과
개화기 8~9월

한라돌쩌귀_잎

한라돌쩌귀_꽃

생육특성

제주도 한라산 산꼭대기 풀밭에서 나는 다년생 초본이다. 생육환경은 햇볕이 잘 들어오는 곳의 경사지면서 물 빠짐이 좋은 곳에서 자란다. 키는 40~100㎝이고, 잎은 길이가 6.5~12㎝, 폭이 7.5~18㎝로 어긋나며 앞부분은 3갈래로 갈라지고 찢어진 작은 잎꼭지가 있으며 옆의 찢어진 잎은 2개씩 깊게 갈라진 다음 다시 2~3개로 갈라진다. 줄기는 밑부분을 제외하고 굽은 털이 나 있다. 뿌리는 작은 괴경(덩이줄기)이 달려 있으며 해마다 새로운 괴경이 형성된다. 꽃은 원줄기 끝에 뭉쳐서 피며 청자색이고 길이는 2.7~3.6㎝이다. 꽃은 겉에는 꼬부라진 털이 나 있고 작은 꽃줄기는 길이가 2~3㎝이다. 열매는 9~10월경에 달린다. 관상용으로 쓰이고 뿌리는 약용으로 사용한다.

우리나라 특산식물이며 희귀종으로 분류되어 있다.

한련초

이 명 하년초, 할년초, 한련풀
학 명 *Eclipta prostrata* (L.) L.
과 명 국화과
개화기 8~9월

한련초_잎   한련초_무리

한련초_꽃 한련초_종자 결실

생육특성

경기도 이남의 길가나 밭에서 나는 1년생 초본이다. 생육환경은 양지 혹은 반그늘에서 자란다. 키는 10~60㎝이고, 잎은 길이가 3~10㎝, 폭이 0.5~2.5㎝로 양면에 굵은 털이 나 있으며 가장자리에 잔톱니 모양이 나 있고 마주난다. 꽃은 지름이 약 1㎝ 정도로 가지 끝과 원줄기 끝에 1송이씩 핀다. 열매는 검은색이며 11월경에 길이 약 0.3㎝ 정도로 달린다.

해국

이 명 왕해국, 흰해국
학 명 *Aster sphathulifolius* Maxim.
과 명 국화과
개화기 7~11월

해국_잎

해국_전초

해국_꽃

해국_종자 결실

생육특성

우리나라 중부 이남의 해변에서 자라는 다년생 초본이다. 생육환경은 햇볕이 잘 드는 암벽 틈이나 경사진 곳에서 자란다. 키는 30~60㎝이고, 잎은 양면에 작고 가는 털이 많이 나 있으며 어긋난다. 잎은 위에서 보면 뭉치듯 전개되고 잎과 잎사이의 간격이 거의 없다. 겨울에도 잎은 고사하지 않고 상단부가 남아 있는 반상록 상태다. 꽃은 연한 자주색으로 가지 끝에 1송이씩 피고 지름은 3.5~4㎝이다. 잎은 끈적거려 여름철에 애벌레가 많이 꼬인다. 벌레가 많다고 살충제를 뿌리지 않아도 될 만큼 잎이 많다.

활나물

학 명 *Crotalaria sessiliflora* L.
과 명 콩과
개화기 7~9월

활나물_꽃 활나물_종자 결실

생육특성

우리나라 각처의 산과 들에서 자라는 1년생 초본이다. 생육환경은 반그늘 혹은 양지의 풀숲에서 자란다. 키는 20~70㎝이고, 잎은 길이 4~10㎝, 폭은 0.3~1㎝로 끝이 뾰족하고 어긋난다. 꽃은 청자색으로 원줄기와 가지 끝에 이삭 모양으로 피고 뒷부분에는 잔털이 많이 나 있다. 열매는 9~10월경에 달리고 길이는 1~1.2㎝로 긴 타원 모양이다.

황금

이 명 속썩은풀, 골무꽃
학 명 *Scutellaria baicalensis* Georgi
과 명 꿀풀과
개화기 7~8월

황금_잎과 줄기

황금_꽃봉오리

황금_꽃   황금_종자 결실

생육특성

중국이 원산지이며 약용식물로 도입되어 전국에서 재배되는 다년생 초본이다. 생육환경은 물 빠짐이 좋은 반그늘 혹은 양지에서 자란다. 키는 약 60㎝이고, 잎은 길이 약 4.5㎝, 폭은 약 0.8㎝지만 위로 갈수록 작아지고 뾰족하며 마주난다. 꽃은 자색으로 원줄기 끝과 가지 끝에 뭉쳐서 핀다. 열매는 9~10월경에 달리는데 꽃받침 안에 둥근 모양의 종자들이 들어 있다.

황기

이 명 단너삼, 노랑황기, 도미황기
학 명 *Astragalus membranaceus* Bunge
과 명 콩과
개화기 7~8월

황기_줄기

황기_잎

생육특성

울릉도와 강원도 이북의 고산 중턱 위에서 자라는 다년생 초본이다. 생육환경은 물 빠짐이 좋은 반그늘 혹은 양지의 토양이 비옥한 곳에서 자란다. 키는 약 1m 이상까지 자라고, 잎은 긴 타원 모양이고 양끝이 둥글며 어긋난다. 꽃은 엷은 노란색으로 꽃줄기가 길며 꽃이 많고 한쪽으로 몰려서 핀다. 열매는 9~10월경에 달리고 길이는 2~3㎝로 광택이 나며 타원 모양이다.

흰진교

이 명 흰진범
학 명 *Aconitum longecassidatum* Nakai
과 명 미나리아재비과
개화기 8~9월

흰진교_새순

흰진교_잎

흰진교_꽃봉오리

흰진교_꽃

생육특성

 우리나라 각처의 산지에서 자라는 다년생 초본이다. 생육환경은 물 빠짐이 좋은 반그늘 혹은 양지의 토양이 비옥한 곳에서 자란다. 키는 약 1m 정도이고, 밑부분의 잎은 3~7개로 갈라지고 윗부분의 잎은 3~5개로 갈라지며 전체적으로 털이 나 있다. 꽃은 연한 황백색이며 원줄기 끝과 윗부분의 잎겨드랑이에서 마치 오리들이 집단적으로 모여 있는 것과 같은 형상으로 핀다. 열매는 10~11월경에 삼각형 모양으로 달린다.

야생화 이름의 유래

야생화 이름은 각기 의미를 가지는데, 그 유래를 알아가는 일은 흥미로울 뿐만 아니라 야생화에 한발 가까이 가는 지름길이다. 야생화 이름의 유래는 토박이 사투리와 외래어에서 유래되기도 하며, 식물 전체의 느낌, 생태적인 습성, 사람과의 관계, 동물이나 사물에 비유한 것, 자라는 곳, 신화나 전설, 설화 등에서 유래된 것들도 있다.

1. 자생지를 나타내는 말

1) **갯** 해안이나 갯벌, 계곡, 냇가 등지에서 자란다.
   예 갯개미취, 갯메꽃, 갯방풍, 갯질경이

2) **골** 습한 골짜기에서 자란다.
   예 골등골나물, 골사초

3) **구름** 구름이 있는 높은 산지인, 주로 백두산이나 북부 고원

지대에서 자라거나 꽃이나 잎들이 구름처럼 뭉쳐 피며 자란다.

 예 구름국화, 구름떡쑥, 구름송이풀, 구름체꽃, 구름패랭이, 구름사초

4) **두메** 구름과 마찬가지로 역시 고산지역에서 자라며, 백두산 같은 북부 고산지대에서 자란다.

 예 두메양귀비, 두메분취, 두메투구꽃, 두메고들빼기, 두메부추, 두메잔대

5) **벌** 확 트인 벌판에서 자란다.

 예 벌개미취, 벌노랑이, 벌등골나무, 벌깨풀

6) **물** 습도가 높은 곳이나 물가에서 자란다.

 예 물봉선, 물머위, 물미나리아재비

7) **돌** 야생 혹은 돌이 많은 곳에서 자란다.

 예 돌단풍, 돌마타리, 돌바늘꽃, 돌양지꽃, 돌나물

8) **바위** 바위 틈에서 자란다.

 예 바위솔, 바위떡풀, 바위구절초, 바위채송화

9) **산** 높은 산에서 자란다.

 예 산구절초, 산부추, 산수국, 산솜방망이, 산오이풀, 산괭이눈, 산골무꽃

10) **섬** 육지와 단절된 섬에서만 자라며, 대부분 울릉도 특산

식물을 말하는 경우가 많다.

🔘 섬초롱꽃, 섬백리향, 섬쑥부장이, 섬천남성, 섬기린초, 섬말나리, 섬쥐손이

2. 진위를 나타내는 말

1) **참** 진짜라는 의미에서 유래한다.

   🔘 참나리, 참바위취, 참좁쌀풀, 참개별꽃

2) **나도** 원래는 완전히 다른 분류군이지만 비슷하게 생긴 데서 유래한다.

   🔘 나도바람꽃, 나도송이풀, 나도양지꽃, 나도옥잠화

3) **너도** '나도'와 같은 의미로 완전히 다른 분류군이지만 비슷하게 생긴 데서 유래한다.

   🔘 너도바람꽃, 너도골무꽃

4) **개** 기준으로 삼는 식물에 비해 품질이 낮거나 모양이 다른 것에서 유래한다.

   🔘 개구릿대, 개쑥부장이, 개망초, 개여뀌, 개연꽃

5) **뱀** 뱀과 관련이 있거나, 기준을 삼는 식물에 비해 품질이 낮거나 모양이 다른 데서 유래한다.

   🔘 뱀무, 뱀딸기

6) 새 기준으로 삼는 식물에 비해 품질이 낮거나 모양이 다른 데에서 유래한다.
   예 새콩, 새삼, 새머루

3. 식물 기관의 모양이나 특성을 나타내는 말

1) 가는 잎이 가는 데서 유래한다.
   예 가는잎구절초, 가는잎돌쩌귀, 가는장구채, 가는층층잔대

2) 가시 가시가 있는 데서 유래한다.
   예 가시여뀌, 가시연꽃, 가시엉겅퀴, 가시오갈피

3) 갈퀴 갈퀴가 있는 데서 유래한다.
   예 갈퀴나물, 갈퀴덩굴

4) 긴 꽃 또는 식물체의 일부분이 긴 데서 유래한다.
   예 긴담배풀, 긴병꽃풀, 긴산꼬리풀, 긴잎쓴풀, 긴오이풀

5) 끈끈이 끈끈한 즙액이 있는 데서 유래한다.
   예 끈끈이대나물, 끈끈이주걱, 끈끈이장구채

6) 선 줄기가 곧게 선 데서 유래한다.
   예 선괭이밥, 선이질풀, 선씀바귀, 선괭이눈

7) **우산** 잎이 우산같이 생긴 데서 유래한다.
   - 예) 우산나물, 우산잔대, 우산방동사니

8) **털** 털이 있는 데서 유래한다.
   - 예) 털동자꽃, 털머위, 털여뀌, 털중나리

9) **톱** 톱 모양으로 거치가 있는 데서 유래한다.
   - 예) 톱잔대, 톱풀, 톱분취, 톱바위취

4. 색을 나타내는 말

1) **금, 은** 식물의 색이 금이나 은색인 데서 유래한다.
   - 예) 금마타리, 금붓꽃, 금새우난초, 은난초, 은대난초

2) **광대** 광대의 복장과 같이 울긋불긋한 데서 유래한다.
   - 예) 광대수염, 광대나물, 광대버섯, 광대싸리

5. 식물의 크기를 나타내는 말

1) **각시** 식물의 크기가 작은 데서 유래한다.
   - 예) 각시붓꽃, 각시원추리, 각시취, 각시둥글레, 각시투구꽃

2) **땅** 초형이나 키가 작은 데서 유래하거나 혹은 꽃의 방향에서 유래한다.

예) 땅나리, 땅비싸리, 땅채송화, 땅빈대

3) **애기** 초형이나 키가 작은 데서 유래한다.
   예) 애기나리, 애기현호색, 애기괭이눈, 애기원추리

4) **왜** 키가 작거나 일본이 원산지인 데서 유래한다.
   예) 왜개연꽃, 왜솜다리, 왜현호색, 왜제비꽃, 왜당귀

5) **좀** 키가 작은 데서 유래한다.
   예) 좀고추나물, 좀꿩의다리, 좀붓꽃, 좀가지풀

6) **병아리** 초형이나 키가 작은 데서 유래한다.
   예) 병아리풀, 병아리난초, 병아리다리

7) **큰** 같은 이름을 가진 식물에 비해 초형이나 키가 큰 데서 유래한다.
   예) 큰구슬붕이, 큰까치수영, 큰꽃으아리, 큰복주머니란(광릉요강꽃), 큰앵초

8) **왕** 키가 큰 데서 유래한다.
   예) 왕고들빼기, 왕제비꽃, 왕원추리, 왕별꽃, 왕갈대

9) **참** 초형이나 키가 큰 데서 유래한다.
   예) 참꿩의다리, 참좁쌀풀, 참나리, 참당귀

10) **말** 초형이나 키가 큰 데서 유래한다.

야생화 이름의 유래

예) 말나리, 말냉이, 말냉이장구채

11) **수리** 초형이나 키가 큰 데서 유래한다.
   예) 수리취

12) **선** 식물이 직립해 있는 데서 유래한다.
   예) 선가래, 선괭이눈, 선갈퀴, 선괭이밥

13) **눈** 식물이 누워 있는 데서 유래한다.
   예) 눈개승마, 눈개쑥부장이, 눈양지꽃, 눈범꼬리

● 그림으로 보는 **꽃과 잎**

[꽃의 구조]

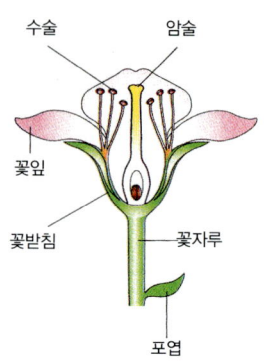

[꽃의 모양]

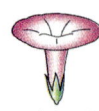 나팔 모양
 단지 모양
 종 모양

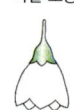 술잔 모양
 통 모양
 십자 모양

 입술 모양
 긴 술잔 모양
 바퀴 모양
나비 모양

[꽃차례]

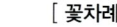 두상 꽃차례
총상 꽃차례
수상 꽃차례

 산형 꽃차례
 원뿔 꽃차례

 산방 꽃차례
 2출 집산 꽃차례

● 잎의 구조

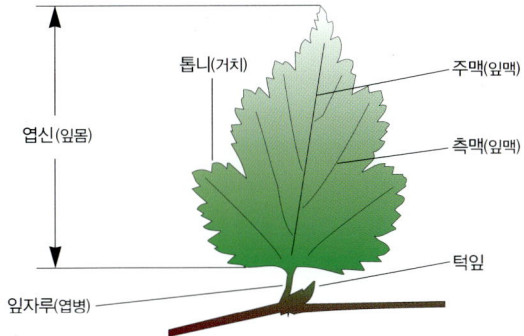

● 잎의 모양

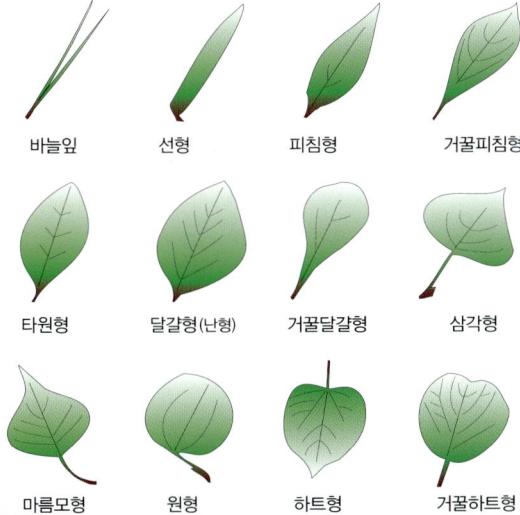

| 참고문헌 |

이영노 한국식물도감(개정증보판) 교학사 2002
박노복, 권영휴, 정연옥 식용에서 약용까지 우리 산야에 피는 야생화 문예마당 2005
송호준, 정연옥 지리산에 자생하는 허브 한맘출판사 2004
장준근 몸에 좋은 산야초 넥서스BOOKS 2001
국가생물종지식시스템 www.nature.go.kr